실크로드의
마지막
카라반

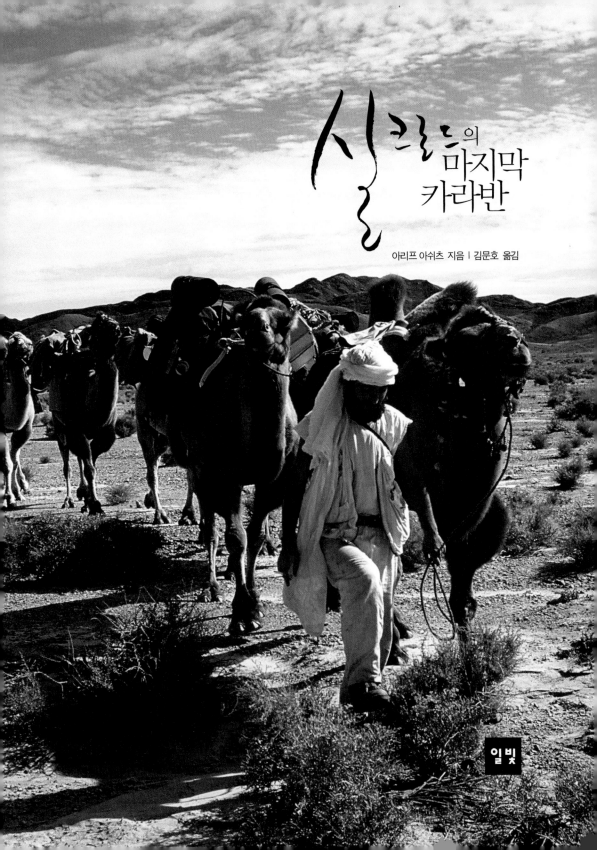

실크로드의 마지막 카라반

아리프 아쉬츠 지음 | 김문호 옮김

일빛

실크로드의 마지막 카라반

2008년 8월 1일 초판 1쇄 인쇄
2008년 8월 10일 초판 1쇄 발행

지은이 | 아리프 아쉬츠
옮긴이 | 김문호

펴낸이 | 이성우
편집주간 | 손일수
책임편집 | 홍지연
본문디자인 | 이수경
마케팅 | 정재영·황혜영

펴낸곳 | 도서출판 일빛
등록번호 | 제10-1424호(1990년 4월 6일)
주소 | 121-837 서울시 마포구 서교동 339-4 가나빌딩 2층
전화 | 02) 3142-1703~5
팩스 | 02) 3142-1706
E-mail ilbit@naver.com

값 15,000원
ISBN 978-89-5645-133-6 (03980)

◆ 잘못된 책은 바꾸어 드립니다.

차례

과거를 신고 미래로

실크로드가 인류 역사 속에서 이루어낸 역할은 실로 엄청나다 할 것이다. 장구한 세월에 걸쳐 이 길은 동방과 서방을 잇는 가교였으며, 그 길고 긴 길과 더불어 살아온 사람들은 그 길을 따라 경제적, 문화적, 정치적 전통을 받아들이기도 하고 또 전해주기도 했다. 실크로드는 단순히 대륙과 대륙을 이어주는 무역로였던 것만이 아니다. 그 길을 따라 오가던 사람들은 길을 통해 자신들의 것과 어깨를 나란히 하며 공존하고 있으면서도 그동안 알지 못했던 다른 문화와 전통을 받아들이고, 다른 언어를 배우고 익히며, 새로운 종교를 발견할 수 있었다.

오늘날 우리는 이 고대의 길에 대해서 왜 그리도 깊은 관심을 갖게 되는 것일까? 그것은 다름 아닌 인류의 문화를 전달하고, 확산시키는 일에 있어 실크로드가 해냈던 엄청난 역할 때문이다. 소련이 무너진 이후 사람들은 다시 한번 실크로드에 관심을 기울이기 시작했고, 이런 관심은 중앙아시아의 투르크 공화국들이 독립을 얻게 되면서 한층 더 깊어지게 되었다.

나는 어린 시절 나의 고향집 근처에 있는 이다(Ida) 산 산기슭을 돌아다니며 고대 여관의 폐허들을 보기도 했고, 말이나 낙타 한 마리가 겨우 지나갈 수 있는 자갈이 깔린 좁은 골목길의 흔적을 발견하기도 했다. 우리 동네 노인들은 이 좁은 길들이 옛날에는 많은 사람들이 여행을 하던 실크로드였다는 이야기를 들려주곤 했다. 옛날에 카라반(caravane : 대상隊商)들이 동양을 출발하여 유럽으로 가던 고대의 옛길이 우리 집 근처에 있다는 사실이 나는 무척이나 자랑스러웠다.

그로부터 여러 해가 지나고 실크로드 프로젝트(Silk Road Project)를 제안받게 되었을 때 나는 흥분을 감출 수가 없었다. 우리가 이 프로젝트의 일원이 되어 이 엄청난 문화유산을 탐색하는 일을 하게 되다니!

터키는 누구나 다 인정하는 세계 문명의 요람들 가운데 하나이며, 따라서 이 프로젝트는 분명 우리 터키가 인류 역사상 얼마나 중요한 역할을 해냈는가를 다시 한번 밝혀줄 것이라고 확신하고 있었다. 이 나라의 아들로서 나는 이런 문화유산을 앞으로 다가올 다음 세대들에게 전해주는 일에 일조를 하게 되었다는 것이 기쁘기만 했다.

이 프로젝트에서 가장 중요한 역할을 한 것은 두말할 나위도 없이 우정의 편지들이었다. 쉴레이만 데미렐(Süleyman Demirel) 대통령이 '도자기 축제일(Ceramic Holidays)'에 우리를 방문했을 때 우리는 대통령에게 실크로드 프로젝트에 대한 이야기를 했다. 대통령은 아주 진지하게 관심을 보이며 자신도 반드시 도와주겠노라고 약속을 했다. 그는 우리 카라반이 통과하게 될 여러 나라의 지도자들에게 친서(親書)를 써주는 것은 물론이고, 프로젝트의 매 단계마다 물심양면으로 엄청난 지원을 아끼지 않았다. 그리고 우리의 여정이 끝난 후에는 우리 카라반 일행을 찬카야(Çankaya)에 있는 대통령 관저로 초청해 주었고, 우리가 통과해 온 여러 나라의 대통령과 지도자들이 그에게 보낸 서한과 선물을 격식을 갖추어 기꺼이 받아주었다. 이에 발맞추어 우리 대통령은 21세기에 접어드는 이 시점에 실크로드가 아직도 우정과 혈연, 연대와 일치의 길이라는 것, 그리고 앞으로도 계속해서 세계 평화로 나아가는 길을 상징하는 길이 될 것이라고 세계에 공표하였다. 우리는 대통령의 아낌없는 후원에 대해서 진심으로 감사를 표하고 싶다.

내가 이따금 참여했던 이 여정은 꼬박 2년이나 이어졌다. 다시 한번 우리는 실크로드를 따라 만나게 되는 여러 나라들과 우리가 얼마나 긴밀한 문화적 관계를 공유하고 있는가를 실감하게 되었고, 여정에서 만났던 많은 사람들과 개인적으로 우정을 나눌 수 있는 좋은 기회였다. 또한 이런 여러 나라 사람들에게 터키가 중요한 역할을 하고 있는 나라라는 것을 인식시킬 수 있는 계기가 되었다. 그리고 우리 역시도 그 나라들과 그 안에 사는 사람들의 삶을 직접 볼 수 있는 기회가 되었다. 우리는 앞으로도 이런 우정을 유지할 것이며, 우리의 따뜻한 기억들을 가슴속 깊이 간직할 것이다.

우리는 여행을 하는 동안 종종 생명을 위협하는 곤경에 처하기도 했지만, 그들은 이 험난한 여정을 마칠 수 있도록 최선을 다해 도와주었다. 또한 우리 역시 그들이 이런 곤경에 처할 때마다 그들을 돕기 위해 최선을 다했다. 때때로 기나긴 실크로드 여정에 참여했던 젊은이들은 몹시 험악한 자연 재해와도 싸워야 했지만, 그들은 카메라와 펜을 놓지 않고 우리의 역사적 과거를 기록해냈다. 그들은 이 길을 따라서 우리가 공유하고 있는 역사와 관련한 헤아릴 수 없이 많은 언어와 전통, 관습의 유사한 내용들을 기록하였으며, 그 여정에서 수많은 어려운 일들을 만났지만 언어로 인한 문제는 전혀 없었다. 12,000㎞에 달하는 이 길을 따라서 여행하는 내내 우리는 아득한 옛날 우리의 선조들이 살았던 땅에 묻혀 있는 우리 자신의 뿌리를 발견할 수 있었기 때문이다.

독자들은 이 책을 읽어가면서 이 젊은이들이 얼마나 훌륭하게 이 원정을 끝마쳤는가를 보게 될 것이다. 우리는 이 기회에 다시 한번 그들에게 축하의 마음을 전하고 싶고, 그들의 지속적인 성공을 기원하고 싶다.

우리의 프로젝트를 후원해준 쉴레이만 데미렐 대통령에게 다시 한번 깊은 감사를 표한다. 또한 여정 내내 성원과 후원을 아끼지 않은 많은 단체와 기관, 특히 터키 항공(Turkish Airlines), 터키 후지필름(Fuji Film of Turkey), 노르드스턴 임타스 보험(Nordstern Imtaş Insurance Company), 라이카(Leica), 카라반 호텔(Caravan Hotel), 켐핀스키 호텔(Kempinski Hotel)에 감사의 마음을 전하고 싶다.

여기에 실린 사진들이 우리가 공유하고 있는 문화유산을 끊임없이 조명해 주기를 바라는 마음 간절하며, 또한 이러한 간절한 소망이 미래의 모든 세대들에게 전해지기를 기원한다.

칼레 그룹의 창설자이자 회장

(Founder and Chairman of the Board Kale Group of Companies)

이브라힘 보두르 박사(Dr. İbrahim Bodur)

열정

이 모든 일은 한 마디 농담에서 시작되었다. 1994년 어느 날 저녁 저널리스트이자 친구인 셈라 에므레(Semra Emre)의 집에 몇몇 친구들이 모였다. 그녀의 아파트 옥상에 모여 이스탄불의 옛 갈라타(Galata) 지역을 내려다보며 식사를 하고 있을 때였다. 우리는 이런 저런 농담을 주고받던 중, 고대 실크로드를 한번 낙타를 타고 여행해 보는 건 어떨까 하는 이야기가 나왔다. 여러 날이 지나고 실제로 그 일을 성사시켜 보려고 작업을 진행하면서 나는 그 소중한 아이디어가 사실 몇 해 전에 있었던 한 사건에서 이미 싹트고 있었다는 걸 깨닫게 되었다.

정확하게 8년 전의 일이다.

1986년 9월 어느 날, 나는 버스에 몸을 싣고 해발 5,000m에 달하는 파키스탄과 중국의 국경 지역 쿤제랍 관문(Khunjerab Pass)을 통과하고 있었다. 버스라고는 하지만 창문도 깨지고 앞부분도 넓적하여 성냥갑만한 중국 돈 '자오(角 : Jiao)'에 나오는 트럭과 비슷했다. 중국의 문화대혁명을 상세히 소개하는 다큐멘터리에서나 찾아볼 수 있는 그런 구식 버스였다. 우리가 탔던 버스가 그런 구식 버스의 첫 모델이었던 것 같다. 승객들은 모두 40명 남짓. 승객들 중에는 독일인 한 명, 미국인 세 명, 뉴질랜드 사람 두 명, 국경을 오가며 장사를 하는 파키스탄 상인 몇 명, 그리고 위구르족 노인 한 명이 섞여 있었다. 그들은 모두 심하게 날리는 먼지를 마시지 않으려 얼굴을 천으로 감싸고 있었다.

나는 그동안 몸담고 있던 이스탄불의 미마르 시난 대학교(Mimar Sinan University) 강사직을 그만둔 이후로 독일인 예술학도 마리안네 슈타르크(Marianne Stark)와 함께 세계 여행을 하고 있었고, 그때는 여행을 시작한지 채 한 달도 되지 않았을 때였다. 나와 마리안네는 전에 한 달 간 이란을 여행한 적이 있다. 당시 이란은 이라크와의 무모한 전쟁이 끝도 없이 계속되어 온 나라에서 피 냄새가 진동하

카라코람 산맥 쿤제랍 관문에 있는
중국—파키스탄 경계석. 1986

여 질식할 지경이었고, 그래서 우리는 그곳을 떠나 파키스탄으로 건너왔다. 거기서 우리는 카라치 회담(the Karachi Meetings)을 목격하게 되었고, 베나지르 부토(Benazir Bhutto)는 그 회담을 다시 피의 잔치로 바꿔놓고 말았다.

우리의 다음 목적지는 북파키스탄. 우리는 쿤제랍 관문을 통과해서 중국의 영토인 신장(新疆)과 카슈가르(Kashgar)로 들어가는 최초의 외국인 대열에 끼고 싶었다. 세계에서 가장 높은 곳에 있는 이 길을 닦기 위해서 수천 명의 중국인과 파키스탄 사람들이 목숨을 잃었다. 버스를 타고 구불구불한 길을 따라서 몇 시간을 달려도 자동차라고는 전혀 찾아볼 수 없었다. 도로는 빙벽으로 둘러싸인 카라코람(Karakoram) 산악지대를 뚫고 가파르게 깎아지른 절벽 위로 나 있었다. 여행을 시작하고 4개월이 지나는 동안 우리는 이미 수백 구의 시체를 목격했다. 하지만 그간 우리의 마음을 짓눌러 왔던 우울한 생각들은 쿤제랍의 중앙아시아 스텝 지역으로 이르는 이 관문의 장관을 보자 씻은 듯 사라지고 날아갈 것만 같았다. 이것이 바로 실크로드였다. 마르코 폴로(Marco Polo)가 밟았던 길, 이븐

바투타(Ibn Battuta)와 고대의 수많은 여행자 그리고 상인들이 걸었던 길, 최근에 제작된 다큐멘터리 영화들에서 보았던 바로 그 길, 그 광경이었다.

바람 따라 물결치는 엄청난 모래더미에 옛 성읍과 문명이 감춰져 있는 황량하고 초 토화된 사막을 통과하는 길, 옛 카라반들의 방울소리가 모래 언덕들 사이로 들려올 것만 같은 길, 바로 이것이 실크로드였다.

이상하게 생긴 버스에 타고 있던 여러 나라의 여행자들은 서로 등을 돌린 채 몸을 웅 크리고 얼굴을 감싸 모래 바람을 피하고 있었지만, 석양의 붉은 해를 배경으로 불타오르 고 있는 옛 카라반사라이(Caravansaries : 대상 숙소)의 폐허를 바라보면서 생각만은 하나 였을 것이다. 실크로드!

몇 시간이 지난 후에야 우리를 실은 버스는 드디어 타클라마칸 사막(Takla Makan De-sert : 면적 37만㎢, 타클라마칸은 '들어가면 나올 수 없는' 이라는 의미) 가장자리에 있는 기 름진 계곡으로 들어섰다. 석양이 지자 지상의 모든 것들이 마치 붉은 모래에 묻혀버린 것 만 같았다. 나는 이란에서 산 팔레스타인 숄로 머리를 칭칭 감싸고 버스의 오른쪽 앞자리 에 앉아 있었다. 풍경을 보기 위해 두 눈만 겨우 내놓은 상태였다. 바로 그때 갑자기 카슈 가르 강가에서 모닥불이 타오르고 있는 모습 하나가 눈에 들어왔다. 그 강은 카라코람 산 맥(Karakoram Mountains)에서 발원하여 계곡을 따라 흐르고 있었다. 모닥불에 둘러앉은 사람들은 모피 모자를 쓰고 있었다(나는 그 사람들이 위구르 사람들인지 키르기스스탄 사람 들인지 알 수 없었다. 우리는 위구르 지역에 들어와 있었지만, 우리가 그날 밤 묵기로 되어 있던 타쉬쿠르간Tashkurgan이라는 키르기스스탄 도시는 거기서 두어 시간 거리에 있었던 것이다). 털이 긴 박트리안(Bactrian) 쌍봉낙타들도 보였다. 낙타들은 여기저기 흩어져 있는 가방 과 자루들에 섞여 기대어 쉬고 있었다. 낙타들은 지친 기색이 역력했다. 이들은 분명 길 고 긴 여행길에 지쳐 쉬고 있는 카라반일 것이다.

버스는 다시 천천히 움직이기 시작했고, 내 눈은 내내 버스 차창 밖을 응시하고 있었 지만 기억에 남은 것은 지쳐버린 카라반에 대한 짤막한 잔영뿐이다. 모닥불에서 타오르

는 불꽃들 사이로 얼핏 얼핏 보이는
굳은 표정의 카라반들은 마치 갈색
화강암으로 깎아놓은 조각상들 같았
다. 그들은 무언가 요리를 하는 듯 보
였는데 기억에 남는 것은 연기에 검
게 그을린 커다란 찻주전자. 아, 차
(茶)구나! …… 느릿느릿 되새김질을
하고 있는 거대한 몸집의 털이 긴 낙
타들은 마치 역사책의 한 페이지에

서 뚜벅뚜벅 걸어 나와 거기에 앉아 있는 것만 같았다. 카라반의 상인들은 거친 양털 가
죽으로 몸을 감싸고 모닥불에 둘러앉아 손을 녹이고 있었다.

그들의 모습은 아득한 옛날 2천여 년 전에 기록해 놓은 사진이자 그림이었다. 마치
살아있는 유물을 보는 것만 같았다. 옛날 우리의 카라반들도 그렇게 불을 피워 몸을 녹였
으리라.

그날 보았던 이미지는 이후 몇 년 동안 내 기억 속에서 지워지지 않고 또렷한 잔영으
로 남아 있었다. 그 광경을 본 이후 해가 갈수록 마음속의 사진은 루브르 박물관에 걸린
들라크루아(Delacroix)의 그림처럼 더 또렷해지기만 했다. 빛깔은 더 화사해지고 생생해
졌으며, 세세한 것까지 모두 잊혀지지 않고 하나하나 반추되었다. 카라반의 이미지는 사
막의 회오리바람에 휩쓸려 사라지기는커녕 오히려 시간이 갈수록 호흡을 되찾고, 서서
히 다시 살아나기 시작했으며…… 결국 그 이미지는 실크로드였다. 2천여 년이라는 장구
한 세월 동안 중국에서 서방으로 비단과 도자기, 비취옥을 실어 나르던 실크로드, 서방에
서 중국으로 불교와 이슬람교가 전해지고, 목이 긴 말들이 이동하던 실크로드. 그 길은
생명을 다한 것이 아닌 여전히 자신의 몫을 해내고 있었다. 어찌 그것뿐이겠는가. 지금도
낙타 카라반들은 2천여 년 전의 일을 그대로 해내고 있으니…… 그날 이후 10여 년 동안

나는 언젠가 나 자신이 직접 낙타 카라반을 꾸려 실크로드를 횡단하리라 다짐을 해왔다. 그 길을 따라 파묻힌 아득한 옛날의 잃어버린 문명 유적들을 다시 찾아보고, 두려움 없이 그 길을 오갔던 옛 카라반들의 용기에 온 여정을 바치리라.

내 눈에 박혀 있던 그날의 이미지는 해를 거듭할수록 마음속을 파고들었다. 나는 그 이미지에 사로잡힌 채 때로는 마치 내가 역사 속으로 녹아 들어가는 것만 같았고, 때로는 아득한 시간 속으로 빨려 들어가는 것만 같았다. 이따금 나는 배낭 하나에 카메라 한 대만 달랑 들고 잊혀진 사람들 속으로 들어가 방황을 하기도 했고, 때로는 2천여 년 전에 그려진 옛 동굴 벽화를 응시하면서 내가 불교 승려라도 된 듯 바로 내 등 뒤에서 부처가 살아서 숨 쉬고 있는 듯한 착각에 빠지기도 했다.

1990년, 나는 한 텔레비전 방송국 직원 몇 명과 함께 터키어를 사용하는 다양한 사회를 담은 다큐멘터리 「터키석(Turquoise)」 촬영에 함께 하게 되었다. 우리는 지프를 타고 다큐멘터리의 마지막 부분을 촬영하다가 고비 사막(Gobi Desert : 고비Gobi는 몽골어로 '풀이 자라지 않는 거친 땅'이란 뜻)에서 길을 잃었다. 당시 우리는 몽골에 있는 오르훈(Orhun) 유적지를 찾고 있었다. 실제 우리는 공간 속에서 길을 잃었다기보다는 시간 속에서 길을 잃고 있었다. 돌 더미 하나하나, 화강암 석판 하나하나가 우리를 과거로 데려다 놓는 듯 마치 우리는 역사 속으로 과거를 향해 신비한 여행을 하고 있는 것만 같았다.

드디어 1996년 6월 2일, 나는 어시스턴트 네잣 나자르오울루(Necat Nazaroğlu), 무랏 외즈베이(Murat Özbey)와 미국인 카메라맨 팩스턴 윈터스(Paxton Winters)와 함께 중국 고대 제국의 수도 시안(西安 : 당나라 때의 장안長安)에 도착했다. 우리 모두는 꽤나 흥분돼 있었다. 눈앞에서 벌어지고 있는 일이 얼마나 엄청난 일인지 이해할 수는 없었지만 우리가 꿈을 꾸고 있는 건 아니라는 것만은 확실했다. 우리는 이제 막 낙타 카라반을 이끌고 걸어서 출발하려던 참이었다. 우리는 결국 목적지인 터키에 이르기까지 그 전설적인 실크로드 12,000㎞를 걸어서 여행하게 될 것이다. 그 여행은 15~16개월은 족히 걸릴 것이고, 우리가 그 여정에서 무엇을 만나게 될지 전혀 짐작도 할 수 없었다. 하지만 사실 우

리는 아주 오랜 시간 동안 우리의 다음 경험에 대해 상상해
왔다.

여행의 시작을 기다리는 일은 고문이다. 전날 밤부터
따뜻한 소나기가 퍼붓기 시작했다. 2년여 동안의 계획과
준비도 드디어 끝나고, 우리의 카라반은 출발 신호만을 기
다리고 있었다. 카라반은 몽골에서 시안까지 트럭으로 실
어온 잘 훈련된 쌍봉낙타 열 마리로 구성되었다. 낙타의 훈
련에 대해 우리가 알고 있는 것은 그들이 중국어로 훈련을
받았다는 사실뿐이었다. 우리가 할 수 있는 말이란 고작
"앉아"라는 의미의 "타(Ta)"와 "일어서"라는 의미의 "최
(Çö)"뿐. 우리는 '리(Lee)'라는 이름을 가진 몽골인 낙타몰
이꾼과 중국인 가이드 '팡용(Pang Yong)'에게 이 두 단어
를 배웠다. 먹을 것으로 가득 찬 가방과 침낭을 챙기고, 칼
은 허리에 찼다. 물병과 여러 가지 약품 상자들, 필름과 카
메라, 컴퓨터와 전기 공급을 위한 태양에너지 패널도 챙겼
다. 그리고 안전을 위해서 시바스 캉갈(Sivas Kangal : 터키
중부 시바스 지방의 경비견) 두 마리(도스트Dost와 탈라스
Talas)도 함께 떠나기로 했다. 우리의 무사 여정을 기원해
주기 위해서 수백여 명의 사람들이 배웅을 나왔다. 그들 중
에는 베이징에서 온 사람들도 있었고, 터키에서 온 사람들
도 있었다. 이 여행은 한 마디로 말하자면 '시간 속으로 떠
나는 여행'이다.

데미렐 대통령이 양피지에 쓴 친필 서한.
중국 국가주석 장쩌민에게 보내는 것으로
실크로드 카라반 원정에 관하여 쓴 것이다.

우리는 고대의 전통을 존중하여 쉴레이만 데미렐 터키 대통령이 육필로 직접 쓴 역
사적인 친서를 중국의 국가 주석 장쩌민(江澤民)에게 전달하는 의식을 가졌다. 양피지에

土耳其共和国总统
苏莱曼・德米雷尔阁下
阁下：
　　我很高兴收到阁下以古老的传统方式给我的来信。对信中提及的阿里夫・阿什丘先生沿古丝绸之路进行探险旅行一事，我已责成有关部门予以积极的支持与合作。
　　两千多年前开辟的古丝绸之路，是中国同包括土耳其在内的中亚、西亚以及欧洲各国相互往来和开展经济文化交流的桥梁，为人类社会的进步与发展起过重要作用。阿里夫・阿什丘先生这一历史性旅行，将唤起人们对古老的丝绸之路的美好回忆，促进沿路国家的传统友谊，是很有意义的。
　　中土两国和两国人民间的友谊源远流长。近几年来，两国友好交往增多，合作领域不断扩大，特别是阁下去年对我国的成功访问，进一步推动了两国关系的发展。加深了两国人民之间的友谊，我衷心希望在双方共同努力下，两国同业已存在的传统友谊和在各个领域里的友好合作关系不断向前发展。
　　顺致最崇高的敬意。
中华人民共和国主席
江泽民
一九九六年五月二日于北京

실크로드 카라반에 관한 데미렐 대통령의 친서를 받고
중국 국가주석 장쩌민이 보낸 답장.

기록된 서한에는 실크로드와 두 나라 공통의 역사, 그리고 이번 여행에 대해 언급되어 있었다. 우리가 양피지에 기록된 서한을 전달하자 중국의 국가 주석은 우리에게 종이에 기록한 서한을 주었다. 무엇보다도 종이를 발명해낸 중국인들에게는 그것이 자연스러운 일이었을 것이다. 우리는 그 서한을 비가 와도 젖지 않도록 비닐에 싸서 터키로 가져가기 위해 가방에 넣었다. 장쩌민 국가 주석이 고운 대나무 붓으로 서명한 이 서한은 여정을 따라 가는 동안 수없이 만났던 체포의 위기에서 우리를 구해 주었다. 이 서한은 마치 800년 전 중국의 황제 쿠빌라이 칸이 마르코 폴로에게 주었던 '실버 스탬프(Silver Stamp)'처럼 우리를 보호해 주었다.

시안에 사는 중국인들이 화려한 우비를 입고 서쪽 관문 주변에 모여 들었다. 그들은 자전거를 세우고 옆에 앉았다. 서쪽 관문은 터키 디야르바크르(Diyarbakır)의 관문처럼 거대한 성벽을 뚫어서 만든 것으로, 사람들은 옹기종이 모여 앉아 도대체 무슨 일인가 하는 호기심 어린 눈길로 우리를 지켜보고 있었다. 아마도 이 광경은 수백 년 전 비단을 싣고 해가 뉘엿뉘엿 넘어가는 서쪽 하늘을 바라보며 길을 떠났던 카라반의 모습, 그 풍광과 아주 흡사했을 것이다. 중국인들의 얼굴에 가득 찬 호기심을 충분히 이해할 수 있었다. 그들은 낙타라는 것을 생전 처음 봤을 것이다. 부모들은 비에 흠뻑 젖은 낙타를 가리키며 아이들에게 연신 "로토! 로토! (Loto! Loto! : 낙타야, 낙타!)" 하고 이야기를 해주었다. 이후 6개월 동안 우리가 키르기스스탄(Kyrgyztan)에 이르기까지 낙타를 보는 사람들의 반응은 한결같이 똑같았다.

터키어와 영어, 그리고 중국어로 '시안에서 이스탄불까지 가는 역사적 실크로드 원정대(Historic Silk Road Expedition from Xian to Istanbul)'라고 쓴 깃발들이 웅장한 시안의 서쪽 관문 바깥쪽까지 이어지며 펄럭였다. 또한 깃발에는 우리의 주 스폰서인 차나칼레 세라믹(Çanakkale Ceramic)과 칼레보두르(Kalebodur), 그리고 특별 스폰서인 터키 항공, 후지필름, 노르드스턴 보험, 라이카, 카라반 호텔, 켐핀스키 호텔의 이름도 쓰여 있었다. 시안 지방장관이 마련한 이 발대식에서 가장 잊을 수 없는 이벤트는 중국 초등학교 어린이들의 공연이었다. 이 작은 아이들은 폭우가 쏟아지는 가운데서도 기가 막힌 솜씨로 춤을 추고, 목청껏 소리를 지르며 우리를 응원해 주었다. 발대식을 빛내 주기 위해 우리의 스폰서인 제이넵 보두르 옥야이(Zeynep Bodur Okyay), 주 중국 터키대사 베르한 에킨지(Berhan Ekinci), 시안 시장, 그리고 우리 카라반 원정대장의 연설이 있었다.

몽골에서부터 고비 사막을 횡단하여 1,000km가 넘는 길을 트럭에 실려 온 낙타들도 도대체 지금 무슨 일이 벌어지고 있는지 지켜보고 있는 것만 같았다. 낙타들은 커다란 눈동자를 굴리며 왜 이렇게 비는 쏟아지며, 사람들은 또 왜 그렇게 몰려드는 것인지 알 수가 없다는 듯 사방을 두리번거렸다.

발대식은 6월 2일이었다. 우리 카라반 대원들은 지난 며칠 동안 못 다한 준비를 마무리하느라 눈코 뜰 새 없이 바빴고, 남은 일도 일이려니와 흥분에 들떠 제대로 잠을 자지도 못했다. 발대식은 마쳤지만 우리는 모두 기진맥진한 상태였고, 도저히 출발할 형편이 아니었다. 우리는 며칠 더 쉬기로 결정했다. 첫 여정인 25㎞를 가려면 휴식이 절대적으로 필요하다는 판단에서였다. 다음날 아침, 우리가 묵던 호텔 앞에서 기다리고 있는 베이징과 터키에서 온 버스에 몸을 싣고 베이징을 향해 출발했다. 6월 3일, 우리는 호텔에 틀어박혀 자다 깨다를 반복했고, 마음을 진정시키려 차를 마시며 하루를 쉬었다. 실제로 짐꾸러미들은 아직도 제대로 꾸려지지 않은 상태였고, 비를 막아줄 나일론 주머니는 제작 중에 있었으며, 낙타의 안장도 점검 중이었다. 우리는 다시 도심지로 나가 새끼줄과 올이 굵은 삼베 자루, 중국식 주방 기구와 보온병, 그리고 아직 사용할 줄도 모르는 젓가락 등을 구입했다.

6월 4일 아침, 날이 밝았다. 우리는 이 날 처음으로 굉장히 놀라운 일을 경험했는데, 이 경험은 원정길 내내 이어졌다. 우리가 2년 전에 세운 계획은 아침 6시에 일어나 8시에 출발하는 것이었다. 그러나 그런 일은 한 번도 일어나지 않았다. 출발하는 날 아침뿐만 아니라 이후 15개월 동안 내내 다른 날도 똑같은 꼴이라니!

우리는 모두 놀랐고, 중국인 가이드 팡용 역시 마찬가지였다. 자신이 해야 할 일이 무엇인지를 정확하게 알고 있는 사람은 몽골인 낙타몰이꾼 리 한 사람뿐이었다. 우리는 그가 일하는 모습을 눈이 휘둥그레져서 지켜보고만 있었다. 리는 우리가 가지고 가야할 셀 수 없이 많은 가방과 보따리들을 두 개씩 묶기 시작했다. 그리고는 양쪽에 균형을 맞춰 낙타의 등에 올려놓았다. 그는 굵은 새끼줄을 가지고 두툼한 자루들을 낙타에 묶으면서 매듭을 만들었다. 지금껏 한 번도 본 적이 없는 매듭이었다. 실제로 그 매듭을 배우는 데 몇 주일이나 걸렸다. 처음에는 몇 번이고 그가 하는 것을 보고 따라서 해보았지만, 문제만 만들고 시간만 더 지체될 뿐이었다. 우리가 나름대로 매듭을 만들어 묶어 놓으면 리는 몽골어로 무언가 중얼거리며(분명히 욕설이었을 것이다), 참을성 있게 그것들을 다시 풀어 자기식대로 묶었다. 아무리 봐도 마술을 부리는 것만 같았다. 그가 만든 매듭은 한쪽 끝을 잡아당기면 양말의 실이 한꺼번에 풀리듯 아주 쉽게 풀렸다. 그러나 매듭을 잘못된 방향으로 잡아당기게 되면 매듭은 풀리지 않고 더 단단해지기만 했다.

우리는 가능한 한 일찍 떠나려고 서둘렀지만 그날 오후가 되어서야 겨우 출발할 수 있었다. 우리들 가운데 그 누구도 그날의 일을 잊을 수 없을 것이다. 나는 개인적으로 뼈저리게 이런 생각이 들었다.

'우리는 우리의 모든 것을 낙타에 싣고 떠난다. 뒤에는 아무것도 남겨두지 않는다. 우리가 지난밤을 보냈던 이곳으로 다시는 돌아오지 않을 것이다. 오늘 하루가 지나면 목적지인 터키에 30㎞는 더 가까워져 있겠지.'

6월 4일. 우리가 출발한 이날은 공교롭게도 베이징 천안문 광장에서 있었던 시위를 탱크로 진압했던 천안문 사태 기념일이었다. 출발할 즈음이 되자 소나기가 가랑비로 잦아들었다. 우리의 원정길에는 중국 라디오 방송국 기자 한 명이 처음 며칠간 우리와 동행했다. 우리 일행은 경비견 도스트와 탈라스, 중국인 가이드 팡용, 몽골인 낙타몰이꾼 리, 그리고 쌍봉낙타 열 마리였다.

여정에 오른 지 얼마 지나지 않아 발에 물집이 생기기 시작했다. 우리는 모두 두려움과 불안을 느끼고 있었지만, 어느 누구도 감히 내색을 할 수가 없었다. 우리는 이를 악물고 수많은 마을과 동네를 지났고, 결국 한밤중이 되어서야 첫날밤을 지새울 곳에 이르게 되었다. 샹양(襄陽)이라는 곳이었다. 우리는 아직도 산시성(陝西省)의 경계 안에 있었다. 중국은 인구 밀도가 높은 게 분명했다. 마을의 가옥들은 사방으로 수 킬로미터씩이나 이어져 있었고, 사람의 손이 가지 않은 땅이라고는 단 한 뼘도 찾아볼 수가 없었다. 낙타들을 먹일 수 있는 방법은 단 한 가지, 마을 사람들에게 옥수수를 사는 것이었다. 일주일에 한 번 쉬는 날이면 우리는 마을 사람들이 자신들의 가축에게 먹이려고 남겨놓은 귀리를

사기 위해 그들과 힘겨운 흥정을 해야 했다. 노천에서 야영도 하고 낙타들에게 마음껏 풀도 뜯길 수 있는 곳, 사람이 살지 않는 바로 그 초원 지역으로 들어서려면 적어도 두 달은 족히 걸릴 것이다.

6월 5일, 길을 나선지 둘째 날. 우리가 아픈 다리를 끌고 걸어가고 있는데, 중국인들 수백 명이 몰려나와 놀란 표정으로 우리를 바라보았다. 어른들은 손가락질을 하며 아이들에게 "로토! 로토!" 하고 소리를 질러댔다. 둘째 날, 우리는 비로소 걷는 것보다 낙타를 타는 일이 실제로는 더 피곤하다는 걸 알게 되었다. 목에 맨 카메라들이 점점 더 무거워졌고, 날이 눅눅해서 걸음을 내디딜 때마다 발은 점점 더 부어오르는 것만 같았다. 우리는 싱핑(興坪)에서 둘째 날 밤을 보냈다. 낙타들은 간쑤성(甘肅省)에서 석탄을 실어 나르는 코가 납작한 트럭들 때문에 계속 겁에 질려 있었다. 끝없이 펼쳐진 몽골의 초원 지대를 떠나온 낙타들은 쉬지 않고 내리는 비에 털이 마를 새가 없는 이 지역을 몹시 불편해 하는 것만 같았다. 낙타들은 걸음을 내디딜 때마다 화가 나서 마치 우리에게 앙갚음이라도 하듯이 등에 진 짐을 내동댕이쳤다. 낙타에 짐을 다시 싣는 일은 몇 시간씩 걸렸다. 덕분에 우리는 리의 난해한 매듭 만드는 법에 점점 더 숙달이 되어가고 있었다.

싱핑에서는 트럭 운전사들이 즐겨 찾는 한 호텔에서 묵었다. 거기서 우리는 「미국의 소리(Voice of America)」 라디오 방송 아나운서에게 전화를 걸었다. 베이징에서 여행을 준비하는 동안에 인터뷰를 했던 바로 그 아나운서였다.

"6월 4일에 베이징에서 무슨 일 없었습니까? 시위나 뭐 그런 거요?"

아무 일도 없었다. 모든 것이 조용했다. 하지만 CNN 방송은 홍콩에서 수천 명의 사람들이 하얀 옷을 입고(애도의 색깔) 시위를 벌였다고 짤막한 단신을 내보냈다고 했다. 그리고 CNN은 또 하나, 우리들에 관한 단신도 전했다고 한다.

"어떻게 이야기했습니까?"

그들은 터키의 역사가 아리프 아쉬츠가 낙타 카라반을 이끌고 중국 시안에서부터 터키 이스탄불까지 실크로드 12,000km의 대장정을 나섰다고 전했다. CNN에서는 이 짧은 소식이 하루 종일 흘러나왔다.

그날 밤, 나는 트럭 운전사들이 묵는 호텔 마당에 있는 작은 우물가를 불안한 마음으로 서성거렸다. 우리 낙타들은 코가 납작한 석탄 트럭들 틈에 끼어 있었다. 쉬지 않고 내리는 비에 질퍽해진 흙더미에 앉아 저녁에 먹은 것을 되새김질하는 소리가 들렸다. 마당 건너편 작은 방들에서는 희미한 등불 아래서 우리 대원들이 발에 난 물집을 터뜨리고 알코올로 소독을 하느라 정신이 없었다. 도스트와 탈라스도 카라반을 따라오면서 축축한 아열대 기후에 적응을 하느라 힘이 들었는지 일찌감치 마당 진흙 바닥에 누워 잠이 들었다.

발은 아파왔지만 나는 마당에 있는 의자에 앉아 벽에 등을 기댄 채 담배에 불을 붙였다. 팩스턴만 빼고 우리 일행은 모두 흡연자였다. 카라반 일행 전원은 일단 길에 오르면 담배를 끊기로 약속했었다. 하지만 그런 약속에 신경을 쓰는 사람은 아무도 없는 것 같았다. 나는 창문에서 새어나오는 부드러운 빛을 배경으로 실루엣으로 보이는 낙타들을 바라보면서 몇 년 전 카라코람 산맥 기슭에서 보았던 카라반을 떠올렸다.

그들은 햇볕에 그을린 구릿빛의 단단한 얼굴로 모피 모자에 양가죽을 둘러쓰고 모닥불 주위에 둘러 앉아 초원 지대의 혹독한 추위와 싸우고 있었고, 낙타들은 천천히 침착하게 되새김질을 하고 있었다. 정말 대단한 카라반이 아니었던가.

나는 이제 조금씩 익숙해지기 시작한 달지 않는 중국 녹차를 마시면서 이 프로젝트를 준비했던 지난 2년을 돌이켜보았다. 우리의 주 스폰서인 제이넵 보두르 옥야이가 내가 지난 여행에서 찍은 사진들을 보고, 실크로드에 대한 나의 설명을 들으며 큰 관심을 보였던 일을 떠올렸다. 나는 이번 여행을 준비하기 위해서 여러 권의 책을 읽었다. 고대의 여행자 마르코 폴로, 이븐 바투타, 에블리아 첼레비(Evliya Çelebi)가 쓴 일지들, 그리고 종종 '도굴꾼(grave robbers)'이라고도 일컬어지는 로들로프(Rodloff), 스벤 헤딘(Sven Hedin), 오럴 스타인(Aurel Stein), 알베르트 폰 르코크(Albert von Le Coq) 등과 같은 비교적 근래에 기록된 고고학적 여행기도 읽었다. 이런 고고학자들과 역사학자들은 저마다 타클라마칸 사막을 탐험하면서 헤아릴 수도 없이 많은 유물을 발굴하여 보물들을 유럽의 박물관으로 실어 날랐다. 몇 달 후면 우리는 불교의 심장부라 할 수 있는 동투르키스탄(Eastern Turkistan)의 불교 동굴에 도착하게 될 것이다. 100년 전에 그 동굴들에 있던 2천여 년 된 프레스코 벽화들은 난도질 당하여 베를린 박물관으로 옮겨졌고, 그곳에서 제2차 세계대전 때 폭격으로 인해 완전히 파괴되고 말았다.

　　우리는 이스탄불의 그랜드 바자르(Grand Bazaar : 바자르는 시장이란 뜻)에서 산 방울을 몽골에서 시안까지 트럭으로 실려 온 낙타들의 목에 걸어주었다. 그렇게라도 해야 높은 산악 지대를 통과하는 동안 지난 수백 년간 간쑤성 관문 지대에 드리워져 있던 참을 수 없는 정적을 깨뜨릴 수 있을 것만 같았다. 열흘 째 되는 날 우리가 준비해서 꾸려온 짐들 가운데 적어도 절반은 전혀 쓸모가 없다는 사실을 알게 되었다. 우리는 불필요한 짐을 정리해 모두 그날 밤 묵었던 마을의 한 가정집 마당에 남겨두었다. 이제 발은 물집이 잡히지 않을 정도로 단단해졌고, 구두는 점점 부드러워졌다.

　　여행을 시작한 지 채 한 달이 되지도 않아서 우리가 카라괴즈(Karagöz : 검은 눈동자)라고 부르던 낙타가 그날 밤 묵었던 호텔에서 갑자기 죽고 말았다. 처음에는 낙타들과 좀 서먹서먹했지만 이제 그들도 완전한 우리의 일행이었다. 그래서 우리는 낙타 한 마리 한 마리를 인간적인 동료로 생각하게 되었고, 그들에게 이름을 지어 주었다. 우리가 지어준 이름은 낙타들에게 썩 잘 어울렸는데, 그중 라스타(Rasta)는 낙타 무리에서 인정받은 리더로 여정 내내 단 한 번도 대오의 맨 앞자리를 포기하지 않았다. 우리 낙타들 중에는 하얀 빛깔의 낙타가 세 마리있었는데, 이 가운데 첫째를 우리는 크날르(Kınalı : 헤나)라고 불렀다. 무릇이 그 녀석의 목덜미 털 일부를 헤나 물감으로 염색해 놓았기 때문이다. 디노(Dino)는 공룡 머리처럼 머리가 커보여서 붙여진 이름이었고, 지토(Zito)는 지토처럼 생겨서 그 이름이 붙여졌다. 콜레오네(Corleone)는 영화 「대부(Godfather)」에 나오는 말론 브란도(Marlon Brando)처럼 생겨서 그런 이름이 붙여졌다(그 낙타의 양쪽 뺨에는 마피아 두목처럼 양쪽 뺨에 불룩 튀어나온 덩어리들이 있었다). 바으르간(Bağırgan : 소리 지르는 놈)은 누군가에게 무엇인가 하소연을 하며 소리를 내는 것처럼 보여서 그렇게 불렀다. 쉬슬뤼(Süslü : 환상)는 아름다운 눈과 긴 속눈썹을 가지고 있다. 우리는 중국의 한 작은 마을을 지나던 중에 그곳에서 안타깝게도 사미(Sami)를 팔아야 했다. 녀석의 발이 병균에 감염되었는데 도무지 낫지를 않았던 것이다. 처음으로 죽은 낙타는 카라괴즈였고, 그 다음으로 우리는 뷔윅 베야즈(Büyük Beyaz : 빅 화이트Big White)를 잃었다. 우리는 나중에 이란에서 새로 낙타를 샀는데, 그들은 데마벤드(Demavend), 메흐나즈(Mehnaz), 쉬리네(Shirine)였다.

시간이 지나면서 여행 초기의 불안은 점차 사라져갔다. 그리고 이번 여행이 시간의 개념을 초월하고 있다는 것을 깨닫기 시작하면서 우리가 살아가고 있는 시간이라는 것에 대해서도 혼란스러워지기 시작했다. 수백 년 동안 우리는 카라반 상인이었을까? 항상 이 일을 했던 것일까? 이 여행이 영원히 끝나지 않는 것은 아닐까? 우리가 사실은 다른 나라의 복잡한 도시에서 다른 삶을 살고 있던 것은 아닐까? 이곳을 벗어나 저곳으로 가면 사랑하는 사람들이 우리를 기다리고 있을까? 우리는 누구란 말인가? 매일 아침부터 밤까지 이 낙타 카라반을 이끌고 가는 곳은 도대체 어디란 말인가? 왜 우리는 해가 지는 쪽으로 가고 있는 것일까?

그대, 고대의 카라반 나그네들이여, 나의 말을 들어보라!

　　두어 달 있으면 비단을 실은 우리 카라반이 중앙아시아의 초원 지대에 들어서게 될 것이다. 우리는 소용돌이치는 모래 언덕 속에 헤아릴 수 없이 많은 문명의 폐허들을 담고 있는 고비 사막과 타클라마칸 사막을 지나게 될 것이다. 다시는 돌아올 수 없는 그곳을 통과하게 될 것이다. 나는 알고 있다. 그대들은 우리가 지나는 동안 우리 낙타들의 방울소리를 듣게 될 것이며, 우리가 지핀 모닥불 주변에 조용히 모여들어 우리가 어떤 사람들인지를 살필 것이다. 그대들은 우리가 사용하는 이상한 도구들을 보고 신기해하며, 우리가 볼 순 없겠지만 그 도구들을 손가락으로 가리킬 것이다. 그대들에게 간청한다, 우리를 보호해 달라. 악마와 귀신과 악령으로부터 우리를 지켜 달라. 2천여 년 동안 동굴에 벽화로 새겨졌던 존재들, 조각상으로 세워졌던 존재들, 죄가 사해지기를 기원하는 카라반들의 제사를 받았던 존재들, 살인적인 모래 폭풍을 일으키는 존재들로부터 우리를 보호해 달라. 우리는 조용히 지나가기만 할 것을 약속한다.

　　"나는 이번 여행을 우리의 모든 공동의 기억을 지니고 있는 이 땅과, 영원하며 자유롭고 항상 이곳을 떠돌아다닐 정령들에게 바친다."

아리프 아쉬츠(Arif Aşçı)

카라반바쉬(Caravanbashi : 카라반 원정대장)

아리프 아쉬츠   네잣 나자르오을루   무랏 외즈베이   팩스턴 윈터스

이것은
아리프 아쉬츠, 네잣 나자르오을루, 무랏 외즈베이, 팩스턴 윈터스
네 사람이 낙타 카라반을 이끌고 12,000㎞에 달하는
옛 실크로드를 여행한 대장정의 기록이며,
중국을 출발하여 키르기스스탄, 우즈베키스탄,
투르크메니스탄과 이란을 거쳐 최종적으로 그들의 목적지인
터키에 이르기까지의 여정을 담은 대 서사시이다.

중국
China

China

나는 베이징에서 탄 비행기가 거대한 고비 사막의 평지에 착륙 준비를 하고 있는 동안에도 지금 내가 어떤 상황에 있는지를 실감할 수가 없었다. 이건 현실인가, 아니면 상상 속의 꿈을 꾸고 있는 것인가.

우리는 몽골의 내몽골로 가는 길이다. 카라반 원정에 필요한 낙타를 구하러!

실로 믿을 수 없는 일이었다. 수없이 많은 이야기들이 오가고, 결국 옥신각신 타협을 한 끝에 중국 관리들은 우리 대원들에게 8개월짜리 개인 비자를 내주었다. 중국은 일반적으로 1개월짜리 비자만 발급하고, 전문 카메라맨에게는 중국의 북부와 북서부 지역 촬영을 절대 허락하지 않았다. 당연한 이야기겠지만 중국은 티베트나 모슬렘 위구르 지역에서 한 달이 멀다하고 끊임없이 발생하는 소요들을 진압할 때면 언제나 어떤 저널리스트도 접근하지 못하도록 막고 있었다. 실크로드는 이런 지역들을 관통하고 있었다. 그리고 우리가 가야 할 경로들 가운데 많은 지역들이 중국 영토 밖이었기 때문에 방문객들이 자유롭게 드나들 수 있었다. 중국은 우리의 1년 반이라는 여정에서 가장 긴 기간을 차지하고 있을 뿐만 아니라 2천 년이라는 실크로드 역사의 가장 아름다운 흔적을 지니고 있는 실크로트의 본고장과도 같은 곳이다. 그곳은 수백 년 동안 외국인들의 발길이 닿지 않은 고대 도시를 포함하여, 사막 한 가운데 벽화로 장식된 동굴들, 고대의 카라반사라이가 묻혀 있고, 유구한 역사를 지닌 사람들이 아직도 남아서 살아가고 있다.

우리는 쉴레이만 데미렐 대통령이 우리를 위해서 중국의 장쩌민 국가 주석에게 친서를 보내서 이런 특별한 비자를 받게 된 일을 잊을 수 없을 것이다. 우리 비행기가 닝샤성

(寧夏省)에 있는 인촨공항(銀川空港)에 착륙하자 내몽골 당국자들이 영접을 나왔고, 사전에 준비한대로 우리를 중앙 몽골의 아라산 고원(阿拉善高原) 지역으로 안내하였다. 고비사막 심장부 깊숙이 자리 잡고 있는 한 농장이 우리의 운명을 판가름할 참이었다. 왜냐하면 거기서 우리는 혹이 두개인 박트리안 낙타(쌍봉낙타) 열 마리를 사기로 되어 있었기 때문이다. 즉 우리의 카라반을!

이 낙타들은 2,500년 전 맨 처음으로 페르세폴리스(Persepolis)의 벽에 부조로 새겨졌으며, 그들은 지금의 아프가니스탄에 살고 있는 박트리아 사람들이 페르시아의 왕 다리우스(Darius)에게 쌍봉낙타 한 쌍을 선물한 것이라 하여 박트리안 낙타라고 불리고 있다. 쌍봉낙타는 극도의 혹한도 견딜 수 있는 아주 특별한 녀석들이다.

우리는 자동차에 몸을 맡긴 채 사막의 어두움을 뚫고 울퉁불퉁한 길을 터덜거리며 가고 있었다. 끝없이 이어지던 몇 시간의 정적을 깨고 몽골인 운전사가 왼쪽을 가리켰다.

"만리장성!"

우리의 중국인 가이드는 놀라서 소리를 질렀고, 흥분에 들떠 나와 팩스턴을 돌아보았다.

"만리장성이오!"

이미 어둠이 내린지 몇 시간이 지났고, 수많은 별이 하늘을 촘촘히 수놓고 있었다. 성벽의 폐허가 돌로 지어진 것인지, 흙벽돌로 지어진 것인지 별빛 속에서는 잘 구별할 수 없었다. 어둡고 푸른 하늘을 배경으로 한 성벽 실루엣은 때로는 모래 속으로 사라지기도 하고, 때로는 수평선 너머로 또렷하게 모습을 드러내기도 했다. 중국의 만리장성은 인간이 만든 가장 거대한 성벽. 그것은 아마도 중국인들이 북쪽으로부터 내려와 약탈을 일삼는 종족의 침략을 막기 위해 건설했을 것이다. 아마도 훈족보다는 몽골족의 침략을 막기 위한 것이었을 이 성벽은 2천여 년 동안 허물어지고 또 쌓기를 수없이 반복했다.

몽골족! 역사상 가장 야만적인 민족! 칭기즈 칸은 12세기에 갑자기 역사의 무대에 등장했다. 칭기즈 칸과 그의 손자 쿠빌라이 칸은 당시 알려졌던 세계의 절반을 정복하고 그

페르세폴리스 벽에 있는 돋을새김.
쌍봉낙타들을 다리우스 왕에게 끌고 가는 장면.

들이 역사의 무대에 등장했던 때처럼 순식간에 역사의 장에서 자취를 감추고 말았다.

두어 시간 전에 닝샤성 수도 인촨에 있는 작은 공항으로 우리를 데리러 왔고, 지금은 아라산의 중앙 몽골로 우리를 안내하고 있는 운전사와 두 명의 조수는 모두 몽골인이었다. 우리는 낙타가 있는 곳으로 우리를 데리고 가는 사람들이 무슨 말을 하고 있는 건지 신경 쓸 겨를이 없었다. 그들의 얼굴은 돌로 깎아놓은 것 같았고, 얼굴에 나타나는 표정만 가지고는 전혀 속내를 알 길이 없었다. 그들은 자존심이 강하고 도도해 보였다. 2천 년 전, 거대한 만리장성을 깨뜨리고 중국을 침공한 그들의 조상 역시 그랬으리라. 이제는 역사의 깊은 곳 어딘가로 묻혀버린 옛날 그 어떤 시기에, 나의 조상들이 말을 몰아 바로 이 초원 지대를 달렸을 것을 생각하면 나는 아직도 가슴이 뛴다. 그러나 우리의 선조들은 어떤 이유 때문인지는 몰라도(역사는 아직도 이 수수께끼를 풀지 못하고 있다) 갑자기 말에 올라 서쪽으로 향했고, 그들은 서쪽으로 서쪽으로 수천 킬로미터를 여행하여 사람들이 올리브유로 요리를 하고, 따뜻한 바다와 연안이 있는 지역에 이르렀다.

내 호주머니에 있는 돈은 2만 달러. 낙타를 사기에 넉넉한 돈이었다. 내가 목에 두른 라이카 카메라와 팩스턴이 가지고 있는 비디오카메라만 가지고도 낙타는 사고도 남을 것이다. 이는 분명 카메라가 걸려 있는 우리의 목을 자르고, 우리의 시신을 구덩이에 파묻은 뒤 강탈해 달아날 수도 있을 정도로 큰돈이었다. 앞좌석에 앉아 있는 몸집 큰 몽골인들의 거칠고 표정 없는 얼굴들을 보니 불안한 마음을 떨칠 수가 없었다. 이런 긴장을 좀 덜어보려고 나는 베이징에 살고 있는 나의 친구 하크 차을라르(Hakkı Çağlar)가 나에게 들려준 말을 생각해냈다. 터키어와 몽골어는 4천여 개의 단어가 같다고 했다. 하크는 중국어와 몽골어 둘 다 알고 있고, 그의 아내가 몽골 사람이라서 분명 몽골어도 할 줄 알았을 것이다. 나는 팡용에게 이 이야기를 들려주었고, 팡용은 내가 한 이야기를 몽골인들에게 통역해 주었다. 세 사람은 모두 놀라서 고개를 돌려 나를 쳐다보며 몽골어로 몇 마디를 물어보았다. '달', '별', '사막', '낙타'. 하나도 알아들을 수가 없었다. 그들은 서로 무언가 이야기를 주고받더니 다시 등을 돌렸다. 나는 마치 구두시험을 잘못 치른 학생처럼 창피스러웠다. 그들은 몽골어와 터키어가 같은 곳에서 기원하였다는 것에 대해서는 전혀 모르고 있었다. 자동차는 다시 깊은 정적에 휩싸였다. 깊은 어둠 속에서 드디어 아라산 마을의 불빛이 눈에 들어오기 시작했다. 우리가 첫 번째 흙벽돌집에 이르렀을 때 나는 터키에 있는 중앙 아나톨리아(Central Anatolia)의 한 도시에 들어선 듯한 이상한 감정에 사로잡혔다. 우리 일행은 방들이 죽 늘어서 있는 단층짜리 호텔에 갔는데, 마당에는 몽골인 텐트가 쳐져 있었다. 이런 기후에서는 밤에는 기온이 갑자기 뚝 떨어지기 때문에 아주 추워진다. 설탕을 넣지 않은 녹차를 마셨는데도 몸은 녹지 않았고, 두꺼운 이불 여러 겹으로 몸을 감쌌는데도 추워서 잠을 이룰 수가 없었다. 하지만 내가 잠을 못 이룬 이유는 추위가 아닌 흥분 때문인지도 모르겠다. 아침이 영영 오지 않을 것만 같다……

이 도시는 아직도 외국인을 받아들이지 않는다. 그러나 우리는 여기서 사흘을 머무를 수 있는 특별 허가증을 가지고 있었고, 사흘이면 우리의 일을 끝내기에 충분한 시간이었다. 우리는 녹차와 고기만두로 아침을 때우고 지체할 겨를도 없이 낡은 군용차에 올랐다. 그 차는 우리를 태우고 고비 사막, 낙타들이 우리를 기다리는 바로 그곳으로 데려다 줄 것이다.

우리를 태운 군용차는 2~3분도 채 걸리지 않아 아나톨리아 흙벽돌집처럼 보이는 집들을 빠져나가 사막으로 들어섰다. 사막에는 키가 작은 덤불, 바닥에 납작하게 자라고 있는 목초, 엉겅퀴, 아름다운 꽃들이 만개한 갖가지 종류의 가시 식물이 있었다. 식물들은 격렬하게 불어 닥치는 모래 폭풍에서 살아남기 위해 마치 땅을 꼭 끌어안고 있는 것만 같았다. 그 어떤 사막도 완전한 죽음이나 생물의 소멸은 절대 존재하지 않는다. 여기서도 역시 갖가지 종류의 쥐와 토끼, 그리고 난생 처음 보는 이상한 모양의 도마뱀을 볼 수 있었다. 자동차가 모래 언덕에서 몹시 흔들리는데도 팩스턴은 차창 너머로 그 광경을 촬영하려고 안간힘을 쓰고 있었다. 그가 갑자기 소리쳤다.

"저기 좀 봐, 낙타다!"

모래 언덕 사이로 낙타 한 마리가 눈에 들어왔다. 녀석은 우리가 다가가는 것을 바라보면서도 침착하게 앉아 되새김질을 하고 있었다. 군데군데 털이 뽑혀 있었고, 아주 야위고 약해보이는 것이 흉물스럽기까지 했다.

"세상에! 이런 놈들을 데리고 12,000㎞를 가야한다는 거야?"

앞자리에 앉아있던 몽골인이 내 얼굴 표정을 보고 무슨 말인지 알겠다는 듯 우리의 가이드 팡용에게 중국어로 몇 마디 건넸다. 그리고 팡용이 이렇게 설명했다.

"저놈은 아직 어리답니다. 우리가 구할 낙타들은 열다섯 살 된 놈들입니다!"

모래 언덕 사이로 갑자기 흙집 몇 채가 모습을 드러냈다. 바로 농장이었다! 야트막한 덤불들이 늘어서서 농장의 담을 이루고 있었다. 농장은 사막에서 얻은 재료들로 지은 대피소 같은 곳이었다.

"당신들은 이런 건물이 모래 폭풍을 견뎌내고 사막의 추위를 이길 수 있다고 생각하십니까?"

긴 펌프가 달린 샘물이 아나톨리아 전역에서 볼 수 있는 것들과 정확하게 똑같았고, 그 아래에는 양이나 낙타에게 물을 먹이기 위해서 만들어놓은 야트막한 콘크리트 물구유가 놓여 있었다.

우리는 중국인들이 조리를 하기 위해서 태양 에너지 장치를 사용하고 있는 것을 보고 깜짝 놀랐다. 그것은 텔레비전 안테나와 똑같이 생긴 커다란 접시였다. 그 스토브에는 작은 거울들이 달려 있고, 거기서 반사되는 태양빛을 한 곳에 모아서 그 열로 요리를 하는 것이다. 몇 해 전 나는 티베트에서도 똑같은 장치를 본 적이 있었다. 그때만 하더라도 나는 그게 실제로 작동이나 할까 적잖이 의심하며 직접 시험해보았다. 그런데 단 몇 분 만에 커다란 솥의 물이 끓기 시작하는 것을 보고 대단히 놀랐었다. 이런 장치를 난생 처음 보는 팩스턴 역시 상당히 흥미로워했다. 또한 그 집의 지붕에는 커다란 프로펠러가 달려 있었는데, 쉬지 않고 불어오는 사막의 바람을 맞으며 쉴 새 없이 돌고 있었다. 이 프로펠러는 그 집의 에너지원이었고, 농장에서 라디오를 듣고 전등을 밝히기에 충분한 전기를 만들어주고 있었다. 그것은 마치 칭기즈 칸의 후손들이 새로운 시대에 잘 적응하고 있다는 것을 보여주는 것만 같았다.

운전사가 차에서 내려 주인을 부르자 개들은 짖어댔고, 우리에 있던 양들도 '메에에―' 소리를 내기 시작했다. 이윽고 농장 주인이 나와서 우리를 맞았다. 짙은 구릿빛 피부의 농장 주인은 중국군 군복 상의를 입고 있기는 했지만 영화에서 본 몽골 전사의 모습과 상당히 닮아 있었다. 그를 뒤이어 노파와 아이들, 그리고 젊은 여자 한 명이 자리를 같이 했다. 눈을 돌려보니 근처에 여자들이 옹기종기 모여 있었고, 물구유 옆에는 촘촘하게 심어놓은 채소들이 자라고 있었다. 한편 구석에는 분홍색과 붉은색 꽃을 피운 수풀이 무성했다(이런 꽃들 역시 중앙 아나톨리아에서 자라는 것으로, 우리가 어린 시절에 가지고 놀던 것과 똑같았다. 우리는 이 식물의 잎을 따서 코와 이마에 붙이고 수탉놀이를 했었다). 우리는 도착하기 며칠 전에 미리 농장 주인에게 연락을 했었다. 그는 낙타 몇 마리는 이미 준비되어 있으며, 이웃 농장을 찾아가서 나머지 낙타들도 모아주겠다고 했다. 오랜 흥정 끝에 마침내 가격이 낙찰되었다. 우리는 트럭 두 대를 가지고 다시 오겠다고 약속했다.

그 다음날 우리는 앞으로 7개월 동안 함께 여행을 할 낙타들을 만났고, 농장에서 새로운 여행 동반자들과 함께 몇 시간을 머물렀다. 새끼 낙타는 신기할 정도로 아름다웠고, 한 작은 녀석은 우리가 손가락을 내밀자 손가락을 핥아댔다. 우리는 기쁘기만 했다. 이제 낙타들을 훈련시키는 일이 무엇보다 시급했고, 더 중요한 건 수놈들은 더 자라기 전에 어릴 때 거세를 해주는 일이었다. 그렇게 해야 겨울철 짝짓기 계절이 되어도 말썽을 부리지

않을 것이다. 농장 주인이 거세된 낙타는 거세되지 않은 놈보다 온순할 뿐만 아니라 기운도 더 좋아진다고 알려주었다. 그는 우리에게 낙타를 온순하게 하는 방법을 보여주기 위해 낙타들을 우리에서 한 마리씩 불러내면서 소리를 질렀다. "타, 타!"라고 외치자 녀석들은 무릎을 꿇었고, 그가 낙타 등에 올라탔다. 이렇게 가까이서 낙타를 본 것은 처음이었다. 낙타는 실제로는 겁이 아주 많은 녀석들이었다. 그러나 낙타가 한 번 발로 걷어차면 사람이 죽을 수도 있다는 이야기를 듣고 우리는 흠칫 놀라 한 걸음 물러섰다. 우리는 낙타가 물기도 하냐고 물었다.

"물기뿐입니까. 침도 뱉어요. 녀석들 침은 5m는 나갈 겁니다."

몇 달이 지나서야 그의 말이 무슨 뜻인지 정확하게 알 수 있었다. 녀석들의 침은 정말 지독하게 역겨웠다. 낙타가 풀을 뜯고 있을 때 그 녀석의 비위를 건드리게 되면 씹던 풀에 침을 뱉기 때문에 그래도 좀 나은 편이다. 만에 하나 몇 시간 전에 먹은 것을 되새김질을 하고 있을 때 귀찮게라도 하면 정말 말로 할 수 없이 끔찍한 일이 벌어진다. 그 냄새는 정말로 지독하여 우리가 여행을 하는 15개월 동안 내내 냄새를 지울 수가 없었다. 그리고 이 냄새는 원정길에서만 맡을 수 있는 각별한 악취였다. 우리는 그 냄새가 프로젝트를 준비하면서 선택한 낙타의 상징이라고 생각하고 체념하기로 했다.

우리는 짙은 붉은색으로 물든 사막을 뚫고 마을로 돌아왔다. 처음에는 모든 사람들이 각기 자신들의 개인적인 세계에 있었지만, 이윽고 우리는 모두 모여 한 모슬렘 식당에서 식사를 했다. 식사는 수프와 작은 고기만두, 그리고 양고기로 이어졌다. 식당 벽 사방에는 파키스탄의 종교적인 포스터들이 붙어 있었다. 한쪽 벽에는 아몬드처럼 가느다란 눈을 가진 아이들이 기도하는 모습을 찍은 사진이 걸려 있고, 다른 벽에는 메카의 사진들이 걸려 있었다. 또한 코란 경전 구절을 아랍어 붓글씨로 써놓은 것들도 있었다. 그러나 그 포스터들은 전부 중국 스타일이다. 모슬렘 중국인들이 이런 몽골 마을에 살고 있다는 것이 잘 믿어지지 않았다. 식사를 하는 동안 우리는 몽골식으로 커다란 양 다리를 뜯었다. 먼저 칼로 양고기를 한 점 베어서 얼른 입속으로 집어넣는 식이었다. 우리는 코난

(Conan)처럼 보이기도 했고, 영화 「카라오을란 전설(Karaoğlan legend)」에 나오는 터키의 영웅 타르칸(Tarkan)이라도 된 것 같았다.

다음날 아침, 일찍 자리에서 일어나 트럭을 타고 낙타들을 모으러 가는 길에 우리는 깜짝 놀랄 장면을 목격했다. 엄청나게 많은 몽골 사람들이 도시 광장에 모여 있었던 것이다. 우리를 도와주던 몽골인들이 중국인 가이드 팡용에게 상황을 설명해 주었다. 재판이 있었는데 판결이 났고, 그래서 지금 유죄 판결을 받은 사람들이 공설운동장에서 사람들이 보는 앞에서 처벌을 받을 것이라고 했다.

팩스턴의 눈이 휘둥그레졌다. 설마……

"처벌은 어떤 겁니까?"

팡용은 무표정하게 대답했다.

"총살입니다! 머리에 한 방씩!"

그리고는 우리 생각을 눈치 챈 듯 얼른 한 마디 덧붙였다.

"구경할 생각은 하지도 말아요. 잘못하면 우리 모두 체포됩니다. 이 지역은 외국인 출입금지 지역이고, 베이징에서 출입허가를 얻으려면 몇 주는 걸릴 거요."

만일 우리가 카라반 프로젝트를 수행하고 있지 않더라면, 그 광경을 보려고 애썼을 것이다. 그러나 우리가 중국에 온 것은 전혀 다른 목적이 있어서가 아닌가. 일정에 차질이 있어서도 안 되며, 우리 카라반이 가는 길을 방해하는 그 어떤 일도 할 수 없었다.

낙타를 트럭에 싣는 일은 그리 만만한 작업이 아니었다. 낙타가 고집불통이라는 말이 무슨 의미인지를 처음으로 직접 목격하게 되었다. 그 지역의 농부들이 모두 나서서 일손을 거들었지만 낙타 열 마리를 트럭 두 대에 나눠 싣는데 무려 6시간이 걸렸다. 먼저 트럭을 후진시켜 모래 언덕에 대고, 적어도 열 사람이 낙타 뒤에서 목이 터져라 소리를 질렀고, 몇 사람은 트럭 위에 올라가 억센 밧줄로 낙타를 묶어 잡아끌었다. 일단 낙타가 트럭 안으로 들어가게 되면 낙타를 앉혀서 다리와 머리를 연결시켜서 묶어야 했다. 드디어 호송 작전이 시작되었다. 시안에 도착하려면 24시간은 족히 걸릴 것이다.

돌아오는 길에 우리는 다른 농장에 들러 리의 가족을 만났다. 리는 몽골인 낙타몰이꾼으로 우리와 함께 6개월 동안 여행을 할 참이었다. 결혼한 지 얼마 안 된 부부의 품에는 늘 갓난아이가 안겨 있었다. 리는 작은 키에 강인한 체구를 가지고 있었으며, 구릿빛으로 그을린 얼굴에는 천진한 미소를 띠고 있었다. 그는 어린아이처럼 보는 것마다 신기해

여정을 출발하기에 앞서 우리의 몽골 낙타몰이꾼 리와 그의 아내와 딸이 함께 포즈를 취했다. 중국 내몽골 지역.

했다. 그는 낙타와 함께 잔뼈가 굵은 사람이었다. 팡용은 그 지역의 많은 집들을 찾아가 불빛이 희미한 거실에 들러 농부들에게 우리의 여행에 관하여 다소 장황하게 설명을 했다. 리의 아버지는 술기운이 있는 발효 음료를 들고 나와 작은 도자기 잔에 따라서 잔을 돌렸다. 우리는 리의 품삯을 협의하고 그에게 두 달 치 품삯을 미리 줘서 부인에게 주고 갈 수 있도록 해주었다. 리가 트럭에 오르기 전에 나는 저물어가는 침침한 빛에서 리와 리의 아내, 그리고 아기의 사진을 찍어주었다.

막 출발하려는 참에 문득 한 가지 생각이 떠올랐다. 꼭 한 달 후면 우리는 발대식을 치르고 시안을 떠나게 될 것이고, 그 발대식에는 내외신 기자들이 참석할 것이다. 그때 리가 몽골식 전통 의상으로 차려 입으면 멋질 것 같았다. 팡용이 내 뜻을 전하자 리와 그의 아내는 짤막하게 몇 마디를 주고받더니 갑자기 부인이 자취를 감췄고, 잠시 후 보따리를 하나 들고 나타나 남편에게 건넸다. 이제는 우리 모두 작별을 고할 시간이었다.

우리는 떠나기 전에 아라산에서 마지막 식사를 할 참이었다. 우리는 낙타 사들이는 일을 도와주었던 몽골인 운전사들과 그들의 아내와 함께 식탁에 앉았고, 저녁이 깊어가면서 새로운 손님들이 많이 몰려들었다. 구운 어린 양 한 마리가 식탁 한 가운데 놓였다. 그들은 어린 양의 어깨 관절 하나를 발라내서 작은 도자기에 담아 영예로운 손님에게 전

달했다. 내가 '카라반바쉬(caravanbashi : 카라반 대장)'를 맡을 수 있었던 것은 행운이었다. 운전사들을 제외한 모든 사람들이 술이 취해서 떠들썩했고, 곧 식탁에 앉은 모든 사람들이 몽골 노래를 부르며 판을 벌였다. 실제로 저녁 내내 우리 식탁은 이스탄불의 만찬 자리와 그리 다를 바가 없었다. 이내 그들은 나에게 노래를 부르라고 성화였고, 결국 나는 그들의 청을 받아들일 수밖에 없었다. 팡용은 나를 위해서 노래를 통역해 주었고, 사람들은 모두 귀를 쫑긋 세우고 들었다. 내가 부른 노래는 네쉣 에르타시(Neşet Ertaş)가 네브쉐히르(Nevşehir)에서 작곡한 노래이고, 나는 그 노래를 몽고의 전통 술집에서 부르고 있다.

> 금발머리 당신, 나는 당신을 유혹할 수 없네.
> 아름다운 당신, 나는 당신을 지나칠 수 없네.
> 당신은 나를 버렸지만, 나는 당신을 버릴 수 없네.

내 노래는 엄청난 호응을 불러 일으켰고, 좌중에 있던 몽골 촌장은 나에게 기가 막히게 아름다운 몽골 칼 한 자루를 선물로 주었다. 나는 내 노래가 이렇게 사람들에게 극찬을 받을 수 있는 날은 다시는 없을 것이란 생각을 하며 마음이 들떠 터키 민속 가수 루히수(Ruhi Su)가 불렀던 노래로 그날 저녁 모임을 끝마쳤다.

우리는 그날 밤 내내 털털거리는 트럭에 몸을 싣고 달리면서 조금이라도 눈을 붙이려고 안간힘을 썼다. 시안으로 이르는 24시간 여행길은 중국의 주요 간선도로를 따라서 가는 길이 아니어서 우리는 때로 외딴 시골 마을을 지나는 비포장도로를 찾아야 했다. 살아있는 공룡을 싣고 갔더라도 우리보다 더 큰 구경거리는 되지 못했을 것이다. 우리가 먹을 것을 구하기 위해 차를 멈출 때마다 중국인들 수백 명이 몰려나와서 우리가 먹는 것을 지켜보았고, 무엇보다도 우리 낙타들을 아주 호기심 어린 눈길로 구경하곤 했다.

우리 일행이 시안으로 향하고 있는 동안 네잣과 무랏도 베이징에서 시안으로 오고 있었다. 산수이(山水)라는 이름을 가진 정부 여행대행사가 우리 카라반의 중국 여정을 책임지고 조정하기로 되어 있었다. 여행사 담당자인 시시(Cici : 시시라는 말은 터키어로 좋다, 아름답다는 뜻이다)는 실제로 이름만큼이나 싹싹한 사람이었다. 그녀의 도움으로 우리는 한 달간 도시 외곽의 가난한 주민들이 살고 있는 빈 공장 건물 마당을 빌려서 지낼 수 있었다. 거기서 지내는 동안 우리는 낙타들과 친해질 수 있었고, 실제 여행을 위한 실습도 할 수 있었다.

다음날 자정 쯤, 우리는 지난 24시간 동안 안전하게 묶여 있던 낙타들을 풀어 트럭 밖으로 끌어낸 후 다시 마당에다 밧줄로 묶는 힘겨운 작업을 해야 했다. 네잣과 무랏은 낙타몰이꾼과 금새 친구가 되었다. 그들은 몽골어와 터키어를 섞어 써가면서 이야기를 주고받고, 크게 웃기도 하면서 그 일을 상당히 즐기고 있는 것 같았다. 네잣과 무랏은 리에게 멋진 스위스 칼을 선물했다. 그리고 줄담배를 피우는 리에게 담뱃갑에 낙타 그림이 그려진 카멜(Camel) 담배 한 보루도 선물로 주었다. 나는 리에게 지포(Zippo) 라이터를 선물했다. 우리는 서로 그런 식으로 수인사를 나누고 온전히 하룻밤을 자기 위해 골든 드래곤 호텔(Golden Dragon Hotel)에 들었다. 우리에게는 한 달이라는 시간이 주어졌다. 낙타 카라반을 떠나기 위해 훈련을 받아야 하는 시간이다.

이튿날 아침, 리는 몽골식 정장을 차려입고 로비로 나왔다. 집을 떠날 때 그의 아내가 건네 준 보따리 안에 들어있던 옷이었다.

감색 양복에 하얀 실크 셔츠, 그리고 검은 타이!

축제

네잣과 무랏은 우리의 캉갈 개 도스트와 탈라스를 시시의 친구 중국인 가정집에 맡겨두었다. 녀석들은 터키에서 시안으로 올 때 특수한 우리를 만들어서 비행기 편으로 데리고 온 녀석들이었다. 도스트와 탈라스는 베이징 공항에서 큰 소동을 일으켰다. 그들을 보려고 사람들 수천 명이 몰려들었던 것이다. 실제로 이 개들을 중화인민공화국으로 데리고 들어올 수 있도록 입국 허가를 받는 일은 우리가 겪은 많은 어려운 일들 중에서도 특히 어려운 문제였다. 우리는 한결같이 이 개들은 실제로는 아주 유순한 동물이라는 것을 철저히 보증하고, 개들은 절대 중국인을 물지 않을 것이라고 서류상으로 보증을 했음에도 불구하고 우리는 수많은 중국인 관리들의 서명을 받아야 했고, 결국은 트럭 한 대분의 낙타를 살만한 돈까지 지불해야 했다.

이제 우리 개들에게 여행을 하는 동안 그들이 보호해야 할 낙타들을 소개해야 할 시간이 되었다. 우리는 녀석들을 공장 마당으로 데리고 가 줄을 풀어놓고 어떻게 하는지 지켜보기로 했다. 정말로 흥미진진한 대면이었다. 처음에 개들은 으스대며 짖어댔다. 녀석들은 낙타를 난생 처음으로 보는 자리였지만, 낙타의 기선을 제압하고 훈련받은 대로 하려고 했다. 개들은 짖어대면서 낙타들을 향해서 달려들었고, 바로 그 다음 순간 어떤 일이 벌어질 지는 아무도 알 수 없는 일. 그때 낙타 한 마리가 슬쩍 발길질을 하자 생후 8개월의 커다란 캉갈 개가 공중으로 붕 떠서 깽깽 소리를 내며 나가떨어졌다. 낙타 무리의 리더 격인 라스타는 한 번 차는 것으로는 성이 풀리지 않았는지 개들을 뒤쫓았다. 그러나 곧 다른 낙타들을 만나자 다시 조용해져 되새김질을 하기 시작했다. 이것이 그들의 첫 만남. 상견례는 그렇게 이루어졌다. 우리는 웃음이 터져 나와 배꼽이 달아날 정도로 웃었다. 도스트와 탈라스는 첫 만남에서 단단히 혼이 났는지 그후 서너 주 동안은 낙타들 근처에는 얼씬도 하지 않았다.

우리는 시안에 있는 지역 관리들과 협상을 시작하고 출발 일자를 정했다. 먼저 이스탄불에 있는 우리의 주 후원자 칼레 그룹에 날짜를 통보해 주어야 했다. 우리는 기자회견은 베이징에서, 발대식은 시안에서 했으면 좋겠다고 말했다. 모든 일이 순조롭게 진행되는 것 같았다. 몇 달 전, 네잣과 무랏은 아이든(Aydın)으로 가서 낙타 조련사에게 배운 것들을 노트 몇 권에 가득히 적어왔다. 낙타 조련사들은 그곳에서 매년 정기적으로 열리는 낙타 씨름대회에 출전할 낙타들을 조련시키는 낙타 조련 전문가들이었다. 여행 준비 작업의 일환으로 나는 『낙타와 바퀴(Camel and Wheel)』라는 책을 읽었는데, 그 책에는 맨 처음에 인간이 낙타를 이용하기 시작한 과정과 낙타가 실크로드에서 보여준 엄청난 능력을 기록하고 있었다.

하지만 낙타들을 직접 보고나서야 비로소 우리가 배운 것은 아무 소용없다는 것을 알게 되었다. 우리는 낙타에 대해 알고 있던 모든 것들을 다시 배워야했다. 매일 아침 우리는 일찍 일어나 공장 마당으로 갔다. 낙타몰이꾼 리는 벌써 오래전부터 감색 양복은 포기하고 우리에게 낙타 다루는 법과 카라반 운용 방법에 대해 가르치느라 여념이 없었다. 처음에는 약간 뒤로 물러서서 주저했지만, 우리는 서서히 낙타에 올라타는 법을 배워 나갔다.

공장 마당 주변에 살던 가난한 이웃사람들 사이에서 약간의 소동이 벌어졌던 것은 바로 그때의 일이었다. 우리를 처음으로 구경하러 온 사람들은 매일 찾아오는 사람들과 함께 길에 자리를 잡고 담장 틈새로 우리의 모습을 지켜보았다. 그렇게 구경을 하던 사람들이 갑자기 바삐 움직이면서 공장 근처의 진흙길과 마당을 고르고 청소를 하더니, 곧 간단한 목재들과 대나무를 가지고 구조물을 세우기 시작했다. 2~3일 후에 나는 깜짝 놀랐다. 나는 지난 10년 간 중국을 일곱 차례나 방문했지만 이런 광경은 처음이었다. 축제가 열린 것이다. 70년대에 내가 어렸던 시절에 나의 고향인 아다나(Adana)의 세이한 강(Seyhan River) 강둑을 따라서 축제가 열린 일이 있었다. '바이람 예리(Bayram yeri)'라는 이름의 축제는, 남녀노소 할 것 없이 그 도시의 모든 사람들이 모여 북적거렸었다.

축제 장소에는 쇠말뚝과 대나무 말뚝으로 천막들이 쳐졌고, 거기에 모인 사람들에게

먹을 것을 제공하기 위해서 간이 주방도 만들어졌다. 이런 식당들은 어떻게 차려질까! 숯을 때는 화덕은 아래쪽에 있는 풍로를 돌려서 불을 피웠고, 화덕 위에는 커다랗고 납작한 프라이팬이 올려졌다. 나무로 만든 조리대에는 커다란 고기를 써는 칼들이 있었고, 조리대 아래에는 요리를 할 식재료들이 쌓여 있었다. 국수를 만들기 위한 밀가루 반죽 덩어리와 죽순, 그리고 고춧가루, 신선한 생강, 양배추와 같은 야채들, 고기완자나 케밥을 만들 재료들 등등. 주문이 들어오면 요리사는 기름을 둘러서 뜨겁게 달궈진 프라이팬에 재료들을 넣고 마구 흔들어서 익혀냈다. 식사는 단 몇 분 만에 준비되고, 도자기 그릇에 담아 젓가락과 함께 낸다. 그리고 모든 음식에는 예외 없이 설탕을 넣지 않은 녹차가 따라 나간다.

심술궂게도 계속 비가 내려 식당마다 천막을 쳐야했다. '식당'에는 좁고 긴 나무 식탁에 대나무로 만든 작은 걸상이 놓여 있었다. 먹는 장소를 따로 마련하지 않은 식당도 있었다. 어떤 사람은 도자기 그릇을 손에 들고 서서 균형을 잡고 식사를 했다. 어떤 식당 조리대에는 보일러가 딸려 있기도 했다. 음식물이 들어있는 뜨거운 프라이팬에 끓는 물을 부으면 즉석 수프가 만들어졌고, 압축하여 덩어리로 된 차 재료를 넣으면 즉석 차가 만들어졌다. 축제 첫날 우리는 가능한 한 이것저것 여러 가지 음식들을 다 맛보려 했다. 그러는 동안 저마다 좋아하는 음식이 생겼다. 나는 '단 것'을 좋아했다. 단 음식은 중국에서 그리 흔한 음식이 아니었다. 그것은 "D"자 모양으로 생겼다. 나는 어린 시절에 이런 비슷한 후식을 터키 남부 지역에서 먹는다는 이야기를 들은 일이 있었다. 한 가지 차이가 있다면 중국 사람들은 코코넛을 재료로 하지만 터키 사람들은 호두를 사용한다는 것이다. 어떤 것으로 만들어도 맛있기는 마찬가지.

우리는 그렇게 며칠 동안을 공장 마당에서 훈련을 하고, 저녁이면 축제에 나가 중국 음식을 이것저것 먹어보고 가까운 식당 냉장고에 보관해둔 차가운 맥주로 입가심을 하

◀ 중국의 모든 도시들에는 노천에서 불을 환하게 밝혀놓고 음식을 파는 거리가 있다.
   이런 거리는 또한 사람들이 만나는 장소이기도 하다.

곤 했다. 그러는 동안에도 우리는 우리 여행의 세부 사항들을 논의했다(중국인들은 차와 맥주를 구별하지 않는 것 같았다. 그들은 차도 맥주도 다 미지근하게 마셨다. 그들은 우리가 차갑게 식힌 맥주를 마시는 것을 보고 놀라워했다).

축제 준비는 주중에 시작되었고, 주말이 되니 모두 분주하고 떠들썩했다. 진흙으로 범벅이 된 광장에 갖가지 장식이 잔뜩 매달린 천막이 세워졌고, 사람들은 영화가 상영되거나 음악회가 열릴 것이라는 기대를 했다. 그쯤 되자 우리의 호기심도 한창 고조되었다. 광장에 세워진 세 개의 천막에는 각각 무대가 마련되고, 무대 앞에는 나무 벤치들이 놓였다. 천막 앞에는 사람 네댓 명이 올라설 수 있는 연단이 만들어졌다. 일요일이 되자 엄청나게 많은 사람들이 몰려들어 곧 공연이 시작될 것임을 알렸다. 우리는 서둘러서 낙타들에게 먹이를 주고, 카메라를 챙겨 축제 장소로 갔다. 천막 세 곳에서는 중국 음악 소리가 요란스럽게 들려오고 있었다.

각 천막 마다마다에서는 거대한 현수막들이 나부꼈다. 한자로 쓴 현수막에는 영화 포스터 같은 그림들이 그려져 있었다. 현수막의 그림은 아슬아슬한 속옷만 입은 소녀들이었다. 이윽고 그림들에 나오는 소녀들이 직접 천막 앞에 있는 연단에 등장하여 거의 옷을 입지 않은 채로 음악에 맞춰서 춤을 추는 광경을 볼 수가 있었다. 이런 공연은 70년대에 중앙 아나톨리아 지방의 거의 모든 도시와 거주지의 '행락지(holiday areas)' 천막(벗어라/모두 벗어라 하던 take it off/take if all off)에 있던 것과 같은 것이었다. 여기는 공산주의 중화인민공화국이었고, 산시성의 성도(省都)인 시안 근처이다. 소녀들은 원래는 하얀색이었을 속옷을 입고 춤을 추었다. 소녀들은 어리지도 않고 아직 성숙하지도 않은 열여덟에서 스무 살 가량 되는 나이로 보였고, 어색할 만큼 진한 화장을 한 얼굴은 우울한 분위기를 자아냈다. 그녀들의 속옷에 달아놓은 금속 장식이 움직이는 리듬에 따라 출렁이면서 흔들거렸다.

네잣과 무랏은 둘 다 스물다섯 살로 터키의 '벗어라/모두 벗어라'를 알기에는 너무 어린 나이였다. 아마 그들이 이런 천막을 보는 것은 난생 처음이었을 것이다. 뉴요커인 팩스턴 역시 마찬가지였다. 그래서인지 그들은 내 말에 더 놀라워하는 것 같았다.

"이봐, 뭘 그렇게 신기하게 보나. 여자들이 반쯤 벗었어. 그뿐이라고!"

그들은 나 개인적으로 이번 여행에서 빼놓을 수 없는 중요한 부분, 바로 시간 터널 속에 빠져 있다는 것을 이해하지 못했다. 내가 시간을 뒷걸음질 쳐 과거 속으로 빨려 들어가는 터널!

때는 1970년대, 나는 아다나의 '바이람 예리' 축제에 있었다. 세이한 강 강둑을 따라 축제 장소가 펼쳐졌다. '바이람 예리'는 터키의 2대 종교적 명절 사이의 두 달간 열렸다. 정말 믿을 수 없는 일이다. 지리적으로 이렇게 멀리 떨어져 있는 터키와 중국 이 두 곳에서 어떻게 이처럼 비슷한 축제가 열릴 수 있는 것일까? 천막 바깥쪽 의자에 걸터앉아 입장권을 팔고 있는 사람들도 내가 어린 시절에 보았던 사람들과 똑같았다. 머릿기름을 발라 빗어 넘긴 머리도, 호객을 하는 목소리도 똑같았고, 그들이 들고 있는 낡은 메가폰도 똑같았으며, 목과 입천장 중간 어디쯤에선가 나는 거칠게 뱉어내는 소리도 똑같은 소리였다.

세 개의 천막 앞 연단에서 춤을 추던 소녀들 몇몇이 점점 더 신이 나는 듯 몸짓이 더욱 요란스러워졌다. 그 소녀들이 새로운 음악에 맞춰서 춤을 추자, 흥이 난 마을 사람들은 천막 앞쪽으로 나왔다. 마을 사람들은 밀짚모자에 샌들을 신고 마오쩌둥이 입던 것과 비슷한 옷을 입고 있었으며, 피부는 햇볕에 짙게 그을린 구릿빛이었다. 다른 연단에 있던 소녀들이 갑자기 춤을 멈추고 엉덩이에 손을 댄 채 화난 표정으로 다른 쪽의 흥분이 가라앉기를 기다렸다. 그래야만 그들도 관중들의 관심을 끌 수 있기 때문이었다.

우리는 그 장면을 몇 장 촬영하려고 했지만 무술 영화에나 나옴직한 눈이 가로로 쭉 째진 녀석들 몇몇이 우리를 방해했다. 분위기가 점점 험악해졌고, 우리는 허리에 차고 있던 면도날처럼 생긴 스페인 칼을 만지작거렸다. 이렇게 마피아처럼 험악하게 생긴 녀석들과 다툼을 벌이는 것도 25년 전에 아다나에서 커다란 콧수염이 있는 집시 녀석과 다툼을 벌이던 장면과 똑같았다. 우리는 싸움이 일어나는 것을 원치 않았기 때문에 이미 찍은 사진들로 만족하고, 더 이상은 사진을 찍지 않겠다고 녀석들을 달랬다. 문득 우리가 춤추는 소녀들보다도 더 많은 사람들에게 구경거리가 되고 있다는 사실을 깨달았다.

네잣과 무랏, 팩스턴과 우리의 가이드 팡용, 그리고 낙타몰이꾼 리는 지루하다며 낙타들이 있는 곳으로 돌아가기로 했지만, 나는 호기심이 발동하여 표를 한 장 사서 천막 안으로 뚫고 들어갔다. 나는 라이카 카메라의 렌즈 뚜껑을 닫고 있었지만 주변 사람들은 춤추는 광경은 보지 않고, 한 10여 분 동안을 나만 쳐다보는 통에 나는 하는 수 없이 '벗어라/모두 벗어라' 순서를 포기하고 천막을 빠져나와야 했다.

아다나 축제(Adana carnival)에는 빼놓을 수 없는 전형적인 인물이 있는데 바로 집시 여인들이다. 뜨개질로 짠 스웨터를 겹겹이 껴입고, '솰바르(shalvar)'라고 하는 헐렁한 바지를 입은, 사람인가 싶을 정도로 살이 찐 여인들은 나무 아래 앉아서 점을 치고 싶은 사람들을 기다린다. 하지만 여기 중국에서는 머리를 빡빡으로 깎은 '도교의 도사들(Taoist dervishes)'이 천으로 만든 검은 사각 모자를 쓰고, 긴 검은 도포를 입고, 대나무로 만든 샌들을 신고 앉아서 지나가는 사람들에게 운세를 보라고 호객을 하고 있었다. 도사들은 앞에 천을 펼쳐놓고 있었는데, 거기에는 한자가 적혀 있고, 음양의 상징과 그밖에 다른 알 수 없는 표시들이 그려져 있었다. 그들은 씨앗이나 염주, 뼛조각을 가지고 점을 친다. 얼굴이 창백하고 주름살이 깊이 파인 가난한 중국 여인들이 호기심에 못 이겨 이 도사들에게 자신들의 미래를 알아보곤 했다.

시끄럽게 떠들어대는 사람들과 꽝꽝거리는 음악을 포기하고 낙타들이 기다리고 있는 공장 마당으로 돌아가려고 하는 순간, 믿을 수 없는 놀라운 광경이 눈에 들어왔다. 정말이지 내 눈이 의심스러웠다.

"이건 정말 말도 안 돼. 분명히 꿈을 꾸고 있는 거야."

중국 행상인 하나가 막대기에 지름이 15cm 정도 되는 대나무 고리를 걸어놓고 있었는데, 그는 중국 돈 몇 위안을 받고 돈을 낸 사람에게 대나무 고리 다섯 개를 주었다. 그 게임은 고리를 던져서 담뱃갑에 거는 것이었다. 담뱃갑은 몇 미터 앞 더러운 천 조각에 핀으로 고정되어 걸려 있었다. "담뱃갑에 걸리면 그 담배는 당신의 것입니다" 이 도박은 25년 전에 아다나에서 하던 것과 정확하게 똑같은 것이었고, 터키 일부 지방들에서는 아직도 그 도박을 하고 있다. 아다나에서도 그랬듯이 담뱃갑에 고리를 거는 사람은 아무도 없었지만, 사람들은 여전히 애를 쓰고 있었다. 이유는 간단하다. 행상인이 같은 거리에서 고리를 던져서 바로 정확하게 천 위에 있는 담뱃갑에 거는 놀라운 기술을 봤기 때문이다. 사람들은 자신도 그 행운을 잡을 수 있으리라 생각하는 것이다.

어린 시절 단 한 번도 시파이(Sipahi), 바하르(Bahar), 겔린직(Gelincik), 예니 하르만(Yeni Harman) 같은 담뱃갑에 고리를 거는 일에 성공한 적은 없지만, 25년이 지난 지금 그것도 아다나에서 12,000㎞나 떨어진 곳에서 똑같은 도박이 이루어지고 있다니, 나도 한 번 행운을 믿어보는 수밖에…… 실크로드로 향하는 출발점인 이 도시에서 나는 다시 주머니를 털어 대나무 고리 다섯 개를 받았다. 정신을 똑바로 차리고 신경을 곤두세워 고리를 던졌지만 무모한 일. 그리고 이제 나에게 던질 기회를 양보했던 그 눈이 쭉 째진 녀석, 무술 영화에나 나올 것 같은 악당처럼 생긴 인상 더러운 바로 그녀석이 나타났다. 25년 전 내가 젊은 시절에 아다나에서 만났던, 머릿기름을 바르고 콧수염을 기른 집시 녀석과 똑같이 능글맞은 표정을 가진 녀석이 고리를 받아들고는 똑같은 거리에서 고리를 던졌고, 대나무 고리들은 정확하게 만리장성, 판다 곰, 꽃, 새 등이 그려져 있는 담뱃갑들에 사뿐히 걸렸다. 그의 능글맞은 표정이 이렇게 말하는 것만 같았다.

'잘 봐, 이 멍청한 녀석아, 사기 같은 건 없어.'

시끌벅적한 사람들 무리를 뒤로하고 낙타가 있는 공장 마당으로 돌아오면서 내내 나의 머릿속은 지난 38년이라는 기나긴 세월을 거슬러 여행을 하고 있었다. 내가 어린 시절 알고 있던 이런 일들이 실크로드를 통해 이렇게 먼 곳까지 전해진 것일까? 아니면 중국인들과 그 집시들 사이에 언어적 기원은 아닐지라도 인종적 기원에서 어떤 관계가 있는 것일까? 이 프로젝트가 그 수수께끼를 풀어 줄 수도 있으리……

시안 : 웅장한 고대의 대도시

시안은 고대 로마나 비잔틴 제국의 도시와 마찬가지로 수많은 제국을 탄생시킨 곳이다. 그러나 이제는 해상 수송이 실크로드를 대신하게 되면서 이 도시는 중요성을 잃어버리고 역사의 어두운 뒤안길로 묻히게 되었다. 시안은 갖가지 종교를 가진 사람들과 민족 집단들이 거주했으며, 최고의 전성기를 구가할 때(실크로드의 전성기)는 세계에서 가장 큰 대도시들과 어깨를 나란히 할 정도였다. 1970년대에 고고학자들은 세계에서 가장 주목할 만한 유물들을 발견해냈는데, 그것은 바로 테라코타로 만든 진시황제의 전사들이다. 조각상들은 2천여 년 동안 땅속에 묻혀 보존되어 왔고, 이 발견으로 인해 시안은 다시 중요한 역사적인 유적지로 각광을 받게 되었다.

기원전 221년 전설적인 진시황제는 흩어져 있던 모든 약한 도시들을 취하여 거대한 제국으로 통일시켰다. 그는 시안을 제국의 수도로 선택하였고, 이 도시로부터 실크로드가 서양으로 이어지게 되었다. 시안은 중앙아시아, 이란, 인도, 박트리아, 중동 등지에서 모여든 상인들 덕분에 중요한 상업 중심지가 되었다. 여기서 그들은 자유롭게 무역을 할 수 있었던 것은 물론 자신들이 믿는 종교 사원도 건립할 수 있었다. 실물 크기의 수많은 테라코타 전사들과 함께 잠들어 있는 황제는 2천여 년이 지난 후 그가 다스리던 모든 지역이 그가 세웠던 나라의 이름(진Qin, 차이나China, 친Çin)으로 불리게 될 줄은 짐작도 하지 못했을 것이다.

그러나 진시황제는 자신이 건설한 실크로드가 이렇게 오랜 기간 동안 역사에 심대하게 영향을 주게 될 것이라는 것만은 분명히 알고 있었으리라. 수백 년에 걸쳐서 수많은 상인들은 낙타 카라반을 이용하여 중국의 비단과 도자기를 서양과 비잔틴 지역, 멀리는 알렉산드리아나 로마와 같은 지역으로 실어 날랐다. 카라반들은 다시 페르가나(Fergana) 계곡에서 목이 긴 말들을 중국으로 가져왔고, 인도에서는 불교, 이란에서는 조로아스터교, 중동에서는 마니교, 네스토리우스교, 이슬람교, 기독교 등을 가져왔다. 그때 시안은

실크로드의 마지막 카라반

거대한 대도시로 발전하여 각각 사방으로 연결되는 네 개의 높은 관문들이 있었으며, 견고한 성벽으로 둘러싸여 있었다. 이 도시로 들어가고 나가는 것은 오늘날의 여권 제도와 같은 철저한 통제 시스템을 갖추고 있었고, 엄격하게 세금을 부과했다. 이익이 남는 비단 무역으로 권력을 끌어 모았던 중앙 정부는 사막 아주 먼 곳까지 영향력을 행사했다.

우리 카라반 일행은 양은 많지 않지만 맹렬한 바람과 함께 내리는 빗속을 뚫고 서쪽 관문을 빠져나가 서서히 길을 잡아가고 있었다. 외국인에게 폐쇄적인 산시성의 가난한 도시와 마을을 향해 이동하면서 우리는 어깨 너머로 계속 시안을 돌아보았다. 높은 공장 굴뚝에서 뿜어져 나오는 연기는 도시로 흩어지고, 빗줄기는 마치 그 연기를 전설의 도시로 다시 밀어 넣으려고 하는 것만 같았다. 연기 속으로 서서히 사라져가는 도시는 이제 모든 역사적인 매력을 잃어버리고 어둠 속으로 희미해져가고 있었다.

옛날, 사랑하는 사람을 위험천만한 카라반 상인으로 떠나보내는 사람들은 멀리 황하 연안까지 그들을 따라 나갔다. 그리고 그곳 강가에 늘어진 버드나무 가지들을 꺾어서 화관 두 개를 만들어 하나는 사랑하는 사람에게 주고, 하나는 그 나뭇가지에 걸어두었다고 한다. 여행자들은 몇 년 후에 돌아와서 여행 동안에 소중하게 간직했던 그 화관을 나뭇가지에 걸려 있는 화관과 맞춰보고 무사히 돌아올 수 있게 지켜준 신에게 감사를 표했다고 한다.

극도로 피곤한 하루를 보낸 우리는 부슬비 내리는 잿빛 저녁에 길을 나섰지만, 강둑에서 우리를 기다리는 사람도, 화관을 건네는 사람도 없었다. 서쪽을 향해 출발하면서 우리는 각기 갖가지 상념들에 시달렸다. 하지만 한 가지 사실만은 모두 알고 있었다. 다시는 이 도시를 볼 수 없으리라.

비와 함께 온 카라반

산시성은 중국의 문화가 번영하고 발전했던 곳이다. 또한 역사적으로 수많은 반역이 일어났고, 종종 비옥한 논밭을 피로 물들이기도 했다. 수백 년간 카라반들은 산시성에서 짠 비단과 거기서 빚은 최상품 도자기를 먼 곳에 있는 도시로 실어 날랐다. 진정한 의미의 중국 최초의 왕조 역시 바로 이 산시성에서 수도 시안을 건설하였다. 시안은 또한 수나라와 당나라의 수도였으며, 당나라 시대 중국의 문명은 실크로드와 함께 황금기를 구가했다.

수백 수천 년의 세월 동안 중동 지역에서 불어온 바람은 곱고 노란 먼지를 실어 날라서 이 웅장한 문명의 자연 자원이 되었다. 그 바람이 황하 골짜기에 들어올 때면 바람은 세력을 잃고 황금빛 모래를 흩뿌려 땅을 아주 비옥하고 기름지게 만들었다. 비옥한 흙은 비단의 재료가 되는 뽕나무를 키워내기에 완벽했고, 아름다운 도자기를 빚어낼 수 있는 흙으로 안성맞춤이었다.

중국의 르네상스는 동쪽에서 해상 교통이 발달하고 실크로드가 대동맥으로서의 중요성을 상실하면서 정체되기 시작했다. 서양의 선원들이 범선을 타고 새로운 대륙을 발견함에 따라 다른 문명들도 드디어 비단과 도자기를 만들어내는 수수께끼를 풀어냈다. 따라서 한때 카라반들의 짤랑거리는 낙타 방울소리가 울려 퍼지던 그 푸른 골짜기는 지난 300여 년 동안 무거운 침묵의 장막에 휩싸이게 되었다.

우리는 산시성을 빠져나가 천천히 간쑤성으로 이동하고 있었다. 해를 넘기며 지속되었던 우리 여행의 첫 한 달은 실제로 우리가 여행했던 12,000km 전 과정 중 가장 힘들고, 가장 잊을 수 없는 기간이었다. 다음 지역인 간쑤성의 무덥고 누렇게 물든 초원 지대에 도착하기까지 우리는 쉼 없이 내리는 가랑비를 맞으며 여정을 이어가야 했다. 길을 가는 동안 사람의 손으로 경작되지 않은 땅은 단 한 뼘도 볼 수 없었다. 우리는 꼬불꼬불한 산길을 따라 우회해야 했고, 가난에 찌든 마을들의 초라하고 눅눅한 흙벽돌집들 사이를 지났다. 비는 쉬지 않고 내렸고, 우리는 내내 갖가지 색깔의 우비로 몸을 감싸고 걸어

야 했다. 낙타들을 방수천으로 덮어서 보호하려 애썼지만, 우리가 사막의 상황을 염두에 두고 준비했던 모든 것들은 한 달 동안 쉬지 않고 내리는 따뜻한 열대 강수에 모두 젖고 말았다.

우리는 처음 산시성을 출발하면서 마오쩌둥의 혁명이 남긴 아주 특별한 유물을 발견했다. 바로 남녀 모두 너나 할 것 없이 마오쩌둥의 상징이었던 감색 군복과 회색 모자를 착용하고 있다는 사실이었다. 길에서 만난 모든 자동차들은 우리 곁을 지나면서 반드시 그렇게 하지 않으면 안 된다는 듯 한결같이 우리에게 인사를 했고, 우리 카라반과 가까워질 때면 자동차 경적을 울리곤 했다. 이런 경적 소리는 몽골의 초원 지대를 떠나 온지 얼마 안 되는 낙타들을 놀래게 만들었고, 코가 납작한 트럭들 때문에 낙타들이 뛰기 시작하면 낙타에게 실어놓았던 짐이 떨어져 우리를 곤란하게 했다. 이런 트럭들은 1990년대식이라기보다는 1930년대식이었지만, 우리가 몸담고 있는 이 시대를 말해주는 하나의 확실한 증표였다. 경적 소리가 얼마나 나를 화나게 하던지 어느 날 나는 길을 막고 칼을 꺼내서 계속 경적을 울려대는 트럭의 타이어에 구멍을 내버린 적도 있었다. 내가 완전히 이성을 잃고 커다란 칼을 꺼내서 휘두르며 소리를 질러댔더니 운전사와 승객 세 사람은 겁에 질려서 트럭 안으로 숨어버렸다. 그것이 우리가 길에서 배운 첫 번째 교훈이었다. 분노가 커지면 용기도 커지며, 육체적인 힘도 커진다는 것.

산시성의 가난한 농부들은 땅과 조화로운 생활을 하고 있었다. 그 생활은 수천 년 전 그들의 조상들이 살아왔던 바로 그런 삶이었다. 그들은 전적으로 계절과 시간에 순응하며 살아갔고, 일상을 벗어난 특별한 일은 거의 없었다. 적어도 우리가 거기에 이르기 전까지…… 적어도 그날 아침까지는 그랬을 것이다. 밭에서 일을 하고 있던 농부들은 빗속에 나타난 카라반들을 깜짝 놀란 표정으로 바라보았다. 낙타 카라반이 그 길에 나타난 것

쇠로 만든 신발을 신겨서 발이 자라는 것을 막아 발이 작게 된 중국인 노파.
이런 관습은 중국 공산당 혁명 이후에 금지되었다.

은 수백 년 만에 처음 있는 일이었다. 뿐만 아니라 그것도 허리에는 큰 칼을 차고 목에는 카메라를 걸고 있는 수염이 덥수룩한 사람들이 이끄는 카라반이었다. 더욱 놀라운 것은 그 옆에 엄청나게 큰 개들도 있다는 사실이었다. 우리의 등장에 놀란 사람들은 모두 괭이를 내던지고 길 한쪽에 몰려들어 우리 모습이 완전히 시야에서 사라질 때까지 우리에게서 눈길을 떼지 못했다.

따뜻한 열대성 비로 인해서 시작된 문제는 결국 우리가 사랑하는 개들인 도스트와 탈라스가 실종되는 지경에까지 이르렀다. 캉갈 개들은 특정하게 한정된 지역에서 어떤 것을 보호하도록 훈련을 받으며 자랐는데, 우리가 계속 이동을 하고 있었기 때문에 이 가련한 녀석들은 누구를 어떻게 보호해야 할지 알 수가 없었던 것이다. 녀석들은 우리의 카라반이나 캠프에 접근하는 낯선 사람들을 보면 짖어서 쫓아내지 않고, 되레 낯선 사람들에게 인사를 하고 그들의 손을 핥아주었다. 캉갈 개들은 낮에는 잠을 자고 밤에만 활동을 하는 습성이 있고, 특정한 지역을 지키려는 본능을 가지고 있기 때문에 카라반 생활의 고유한 리듬에 적응을 할 수가 없었다.

개들이 여행을 하면서 길을 잃고 방황을 하기 시작한 지 얼마 되지 않아 우리는 개들이 구멍을 파고 들어가 잠을 자고 있는 것을 발견한 적이 있었다. 결국 캉갈 개들을 데리고 여행을 하겠다고 한 결정이 큰 실수였다는 것을 깨달았다. 개들은 귀가 길고 털이 흰 염소들을 야생 동물이라고 생각해 동시에 달려들었다. 중국인 염소 주인이 겁에 질려 보고만 있는 사이 우리 개들은 염소를 물어 찢어놓았다. 단 몇 분 만에 벌어진 일이었다. 물론 우리는 주인에게 염소 값을 물어주기는 했지만 아주 엄격한 중국의 법률에 대해서는 어떻게 대처해야 할지 도무지 대책이 없었다. 이런 일이 우리의 여행 전체를 망쳐놓을 수도 있었다. 우리는 이 개들을 우리가 낙타를 샀던 몽골의 농장에 맡기면 어떨까, 그곳 분위기에는 잘 적응을 하지 않을까 하는 생각을 하게 되었다. 그곳의 환경은 캉갈 개들에게 익숙한 환경과 거의 비슷했고, 농장에는 다른 개들도 있었기 때문이다. 낙타몰이꾼 리는 우리 개들을 잘 다루겠다고 진지하게 약속을 하였고, 우리는 그 다짐을 받아들였다. 리는

그의 형에게 전화를 걸어 우리 개들을 데려가 달라고 부탁했다.

　녀석들이 떠나는 것은 안타까웠지만 그래도 몽골 농장에서 즐겁게 지낼 것이라는 생각을 하니 좀 위안이 되었다. 우리는 길을 떠난 지 한 달이 되었고, 하루에 8시간씩 걷는 것에 몸이 지쳐서 그런지 이제는 잠도 규칙적으로 잘 자게 되었다. 우리의 발은 여행길로 단단해져서 카라반 생활 리듬에 익숙해지고 고통도 점점 줄어들었다. 다만 우리가 전혀 익숙해질 수 없는 것은 단 한 가지, 중국인 도시와 마을들을 지나는 동안 한 끼도 거르지 않고 아침, 점심, 저녁으로 먹어야 하는 중국 국수였다. 우리가 선택할 수 있는 것은 라몐(拉面)을 먹느냐, 아니면 좀 느끼하고 여러 가지 재료들이 들어간 체몐(切面)을 먹느냐 하는 것뿐이었다.

　중국에서 라몐이나 체몐을 준비하는 과정은 정말로 흥미로운 볼거리이다. 요리사는 밀가루 반죽 한 덩이를 떼어서 밀가루가 뿌려진 조리대에 던진다. 거기서 그는 먼저 그 덩어리를 늘려서 반으로 접고, 다시 넷으로 접고, 다시 여덟으로 접고 하는 식으로 계속 잡아 늘여 접어서 아주 고운 면을 만들어낸다. 면이 끓는 동안에는 소스를 준비한다. 중국 북부의 전 지역은 국수를 만드는 방식은 똑같지만 소스는 지역에 따라서 다르다. 위구르인들은 기름진 양고기를 고추와 섞어서 소스를 만들지만, 모슬렘이 아닌 중국인들은 돼지고기, 고양이고기, 개고기, 심지어는 뱀고기까지 거의 모든 종류의 고기를 사용한다. 중국에는 아주 다양한 요리가 있다고 널리 알려진 것과 달리 실제로 우리가 다닌 중국의 절반이 넘는 지역 대부분이 한두 가지의 기본적인 음식들만으로 만족하고 있다는 사실이 무척 놀라웠다.

여행을 시작하던 첫 주, 우리는 외부 세계와 연락을 할 수 있었다. 아주 외딴 산골 마을들도 전화가 설비되어 있어 터키에 직통으로 전화를 걸 수가 있었다. 우리는 중앙아시아의 터키에 도착했을 때에야 비로소 이런 전화 설비가 얼마나 사치스러운 것인가를 실감할 수 있었다.

팩스턴은 어느 도시, 어느 마을에 가든 맨 먼저 전화를 찾아서 노트북을 연결했고, 그 덕분에 우리는 이메일을 확인할 수 있었다. 우리의 이메일 주소는 CNN을 통해서 전 세계로 알려져 있었기 때문에 방방곡곡에서 이메일을 받았다. 팩스턴과 나는 이따금 이메일에 답을 하느라 밤을 지새우기도 했다. 호주의 한 낙타 농장에서 메일이 날아왔는데, 농장주는 세계에서 하나밖에 없는 낙타 전문 잡지의 편집인이었다. 그는 CNN을 통해서 우리의 여행에 관한 소식을 듣고 우리의 성공을 빈다는 사연을 보내왔다. 우리는 그에게 답장을 하면서 낙타가 아스팔트길을 걸어서 발이 부어오를 때 어떻게 하면 되느냐고 물어보았다. 즉각 답장이 왔다. 낙타의 발은 딱딱한 표면을 견디기 어렵기 때문에 이따금 모래나 흙을 걷게 해야 한다는 것이었다.

실크로드를 여행하는 카라반이 이메일을 통해서 낙타를 치료한 것은 아마 인류 역사상 처음 있는 일일 것이다. 그리고 이 사건은 아마도 2천 년이라는 장구한 실크로드의 역사를 통해서 변하지 않고 그대로 남아있는 것과 변해버린 것을 잘 구별할 줄 알아야 한다는 것을 알려준 상징적인 일이었다. 우리가 사용할 수 있는 통신 수단은 물론 도움이 되었다. 하지만 우리의 시간을 지체하고 우리가 시간 속으로 파묻히는 일을 방해했다.

우리가 쿤룬산(崑崙山)으로 통하는 감숙주랑(甘肅柱廊 : 하서회랑河西回廊이라고도
함)에 가까이 이르러 사막과 가까워지자 사용할 수 있는 전화 설비는 점점 줄어들기 시작
했고, 현재와도 점점 멀어졌다. 그때 처음으로 우리가 전 생애를 줄곧 카라반을 이루어
여행을 해온 건 아닐까 하는 생소한 느낌이 들기 시작했다. 이런 착각은 이 여행이 결코
끝나지 않을 것이며, 어디를 향하는지도 알지 못한 채 끝없이 이어지리라는 착각과도 같
은 것이었다. 우리는 서쪽을 향해 이동할 뿐이다. 해가 지는 서쪽으로, 서쪽으로……

간쑤성 : 사막으로 이르는 관문

중국 간쑤성은 가장 환상적인 자연의 비경들 가운데 하나인 돈황석굴(敦煌石窟)이 실크로드를 따라 자리를 잡고 있는 곳이다. 또한 무시무시한 산악 관문이라 할 수 있는 감숙 주랑이 있는 곳이며, 중앙아시아와 정치적, 경제적, 문화적 관계에서 아주 중요한 역할을 해왔다. 그만큼 우리에게도 아주 중요한 곳이다. 쿤룬 산맥을 갈라놓는 황하를 따라서 이어지는 깊은 계곡에는 실크로드를 중심으로 아주 다양한 사회와 민족 집단들이 터를 잡아 정착해 왔으며, 지금은 거의 잊혀져버린 그런 부족들과 민족들 가운데서 아직도 사라지지 않고 남은 유민들이 오늘날까지도 흩어져 살아가고 있다. 터키어를 사용하는 불교도 황색 위구르족과 12세기에 중앙아시아에서 추방되어 쫓겨 온 살라르족(Salar)을 만난 곳 역시 간쑤성이었다.

이 지역은 제국의 중앙과는 멀리 떨어진 만리장성의 한쪽 끝자락에 해당한다. 만리장성은 약탈을 일삼는 적들의 습격을 막는 역할을 했지만, 이 유명한 주랑은 마르코 폴로를 비롯해 역사상 이름을 남긴 여행자들이 중국으로 들어올 수 있는 관문이 되었다. 비단은 이 주랑을 통해서 로마 제국으로 나갔고, 불교나 중동 지역의 유일신교들은 이 주랑을 통해서 중국으로 들어와 곧 중국 제국에 영향을 미쳤다. 오늘 우리 카라반 역시 이 주랑을 통해 중앙아시아의 사막으로 길을 나서고 있는 것이다.

회족(回族) 정착민들이 점점 더 많이 눈에 들어오는 것을 보고 우리는 간쑤성에 가까워지고 있다는 것을 알 수 있었다. 인구 2천만 명에 달하는 강인한 회족은 중국어를 사용하고 있기는 하지만 실크로드를 여행하던 중동 지역 모슬렘들의 영향을 받아 이슬람으로 개종한 사람들이다. 하지만 이 지역은 중국 중앙 정부에 대항하는 오랜 반역의 역사를 가지고 있다. 반란이 일어날 때마다 중앙 정부는 단호하고 폭력적으로 사태를 진압했고, 이런 소요 사태에서 사망한 회족만도 수백만 명에 달한다.

우리는 간쑤성으로 들어선지 얼마 지나지 않아 회족 사람들이 사는 한 마을에 도착했고, 그곳에서 아주 융숭한 대접을 받았다. 우리 일행 모두 그들이 베푼 환대를 결코 잊을 수 없을 것이다. 이 모슬렘 마을은 심하게 가난했고 주민들 대부분이 아주 초라한 단층짜리 흙벽돌집에서 살고 있었다. 그들은 터키에서 가져온 방울로 장식한 낙타들, 수염을 길게 기르고 긴 칼을 허리에 찬 낙타몰이꾼 대열이 다가오는 것을 보고 상당히 놀랐던 것 같다. 숱이 얼마 되지 않는 수염을 길게 기른 노인 몇몇이 우리의 중국인 가이드 팡용에게 다가와 이 사람들이 누구이며, 낙타들을 끌고 어디로 가느냐고 물었다. 팡용의 설명을 들은 노인들의 반응은 예상 밖이었다.

노인들은 온 마을 사람들을 분주하게 만들었다. 노인들이 마을로 돌아갔을 때 이미 날은 어두워져 있었다. 얼마 지나지 않아 모슬렘의 이맘(Imam : 이슬람 교단의 지도자)이 우리에게 다가와 눈물을 글썽이며 우리를 한 사람 한 사람씩 포용해 주었다. 이맘의 뒤를 이어 노인들이 따라왔고, 다시 어린 소녀들과 아이들이 줄을 이었다. 이내 모든 마을 사람들이 우리 주변에 모여들었다. 우리는 뜻밖에도 한 가정집으로 초대를 받아 식탁에 앉았다. 나는 그 자리에서 마을 사람들이 베푼 환대에는 단순한 대접 이상의 어떤 의미가 숨어 있다는 것을 알게 되었다.

우리의 가이드는 이맘의 집에서 그가 설명하는 이야기를 듣고 놀란 표정으로 우리에게 방금 들은 이야기를 통역해 주었다. 이 지역에는 지난 1천 년 동안 전해져 내려오는 이야기가 있는데, 그 이야기는 우리가 들었던 이야기와 너무나 비슷하여 우리 모두는 놀라지 않을 수 없었다. 그 전설에 따르면 이야기는 이렇게 이어진다.

1천 년 전 간쑤성의 한 왕이 꿈속에서 배를 타고 여행을 하고 있었다. 갑자기 배가 뒤

집혔다! 왕과 함께 있던 사람들은 모두 어두운 물속으로 사라졌고, 왕은 어떤 네 사람의 도움을 받아 뭍으로 올라왔다. 그들이 바로 모슬렘 터키 사람들이었다! 그들은 짙은 수염을 길게 기르고, 허리에는 칼을 차고 있었다. 잠에서 깨어난 왕은 궁중의 점술사를 불러 이 꿈이 무슨 꿈이냐고 물었다. 점술사는 꿈의 뜻은 아주 분명하다고 이야기했다. 신들을 달래려면 새롭게 발전하기 시작한 중앙아시아에서 온 종족들 가운데서 남자 네다섯 사람(분명 터키족이었을 것이다)을 그 나라로 초대하여 많은 선물을 베풀고, 여자들을 주어서 결혼을 하게 하라는 것이었다. 왕은 점술사의 말대로 바로 오늘밤과 같은 1천 년 전의 어느 날 밤 낙타 카라반과 함께 온 사람들 가운데 짙은 수염을 길게 기르고, 칼을 찬 남자 네 사람을 성으로 초대하여 그 지역에서 정착하여 살도록 했다. 그들은 여자들과 결혼을 했고, 그 아이들이 오늘날 모슬렘 중국인 회족의 조상이 되었다.

이날 저녁은 지난 1천 년 동안 거듭거듭 전해져 내려온 하나의 전설이 다시 재현되어 마을 주민들에게 깊은 감동을 남기게 되었다. 우리 역시 감동을 받은 것은 두말할 필요가 없는 일…… 금발 머리에 터키어도 더듬거리는 팩스턴만은 그 자리에 어울리지 않는 것 같았지만 아무도 신경 쓰는 사람은 없었다. 우리는 터키인이고, 모슬렘들이었다. 우리는 수염을 길렀고 칼을 차고 있었으며, 더욱 중요한 것은 그동안 온전히 1천 년이 지나갔지만 우리가 다시 왔다는 사실이다. 그것도 낙타를 끌고 카라반으로! 마을 사람들은 우리에게 먹을 것과 마실 것을 대접하고, 우리 일행 한 사람, 한 사람을 끌어안아 주었다. 그들은 또한 우리들에게 손으로 쓴 『코란』 한 권을 선물했다. 그날 밤 내내 우리는 마치 하늘에서 내려온 것처럼 아름다운 소녀들에 둘러싸여 있었고, 그들은 반짝이는 눈동자로 우리를 지켜보았다. 그러나 우리 일행 가운데 그 전설을 다시 한번 삶으로 재현할 만한 무모한 용기를 가진 사람은 없었다. 단 한 사람도……

▶▶ 뒤에 보이는 자위관 요새를 뒤로하고 카라반이 사막을 향하고 있다. 이 곳을 지나 우리는 고비 사막과 타클라마칸 사막으로 들어갔다. 이 요새는 고대에는 낙타 카라반들의 가장 중요한 세관이었다.

실크로드의 마지막 카라반

첫 이별 : 첫 죽음

간쑤성 성도 란저우(蘭州) 외곽에 있는 한 마을에서 우리는 우리 낙타 사미를 중국인 농부에게 팔 수 밖에 없었다. 목 부분에 S자 낙인이 찍혀 있어서 사미라고 불리게 된 그 낙타는 여행 첫날 쇳조각을 밟아 발이 곪아서 심하게 부어오른 상태였다. 백방으로 치료를 해보았지만 소용이 없었다. 사미는 걸음을 뗄 때마다 고통스러워했고, 녀석 때문에 우리 모두가 고통을 겪어야 했다. 우리 일행 어느 누구도 그런 상황을 더는 견딜 수가 없었다. 우리는 모두 사미가 곧 며칠 내에 도살될 것이라고 생각했다. 그러나 차마 그 광경을 지켜보고 싶지는 않았다.

우리가 가장 견디기 어려웠던 일은 낙타들의 죽음이었다. 이제 점점 정이 들게 되고, 우리가 일일이 이름을 지어서 불러주게 된, 저마다 개성과 성품이 뚜렷한 녀석들…… 원래 우리 카라반의 대원들이었던 녀석들 아닌가! 눈동자가 크고 속눈썹이 길어서 카라괴즈라고 불렀던, 낙타들 중 가장 아름다웠던 녀석은 란저우에서 죽었다. 그 녀석의 죽음은 옛 카라반들에 관한 많은 문헌들이 기록하고 있는 낙타들의 죽음과 정확하게 일치했다. 바로 돌연사! 우리는 카라반 낙타들에게 일어나는 것으로 추정되는 이 '돌연사' 현상에 대해서 의문이 들었다.

카라반의 일원이 된 낙타들은 병에 걸려도 병을 숨기고, 불만을 표시하거나 불편함을 내색하지 않는다. 낙타들은 아주 어릴 때 콧구멍 아래쪽에 구멍을 뚫어서 가느다란 줄을 꿰어 마구(馬具)와 연결해 놓고, 낙타 전체를 모두 함께 줄로 연결해 놓는다. 따라서 이동하고 있을 때는 거의 죽음에 이를 지경의 낙타라도 천천히 리듬을 타고 이동하는 카라반의 움직임에 보조를 맞춘다. 그러다가 낙타들이 쉬면서 되새김질을 할 때 갑자기 까닭없이 죽게 되는 것이다. 오마르 카이얌(Omar Khayyam)에 따르면 낙타는 "사람을 배반하

▶ 낙타 사미는 목에 S자 모양의
문신이 있어서 그렇게 불리게 되었다.

며 죽는다. 사람을 사막에 대책 없이 홀로 남겨두고 가버리는 것이다."

우리는 카라괴즈의 사체 옆에서 하루 종일 망연자실하고 있었다. 아무도 말이 없었고, 글썽이는 눈물을 감출 생각도 하지 않았다. 이런 식으로 낙타들을 한 마리, 한 마리 잃게 된다면 어떻게 해야 하는 걸까? 땅거미가 질 무렵, 우리는 매일 저녁 낙타들에게 귀리를 가져다주던 중국인 농부의 수레에 뻣뻣해진 카라괴즈의 사체를 실었다. 그리고 온 시가지가 내려다보이는 언덕에 올라 구불구불 흐르는 황하 골짜기의 나무 아래 묻어주었다.

네잣과 나는 카라괴즈의 마지막 사진을 찍고 도시를 향해 출발했다. 돌아오는 길에도 역시 비통한 마음 금할 길이 없었고, 장례식을 치르고 난 뒤처럼 서로 아무도 말도 하지 않았다.

그러나 그런 슬픔도 잠시…… 전혀 예기치 못한 소동이 벌어졌다. 우리의 카메라를 발견한 군인 한 명이 갑자기 우리를 체포했다. 통역인 팡용이 함께 있지 않았기 때문에 우리는 어찌 설명할 방법이 없었다. 군인은 카라괴즈의 사체를 싣고 갔던 트럭과 우리가 언덕을 오를 때 타고 갔던 택시를 몰수했다. 그 군인은 우리에게 자신의 상관이 올 때까지 기다리라고 말하는 것 같았지만 우리는 이 답답한 상황이 견딜 수 없이 화가 났고, 도시로 돌아갈 수 있도록 우리들과 자동차를 풀어달라고 항의했다. 그러나 군인은 운전 면허증과 자동차 등록증을 가지고 나가버렸다. 우리는 하는 수 없이 택시 요금을 지불하고 간선도로를 걸어 내려와 다른 택시를 타고 호텔로 돌아와 버렸다.

그날 저녁 호텔로 전화가 걸려왔고, 팡용이 전화를 받았다. 그는 새파랗게 질린 얼굴로 돌아와 우리가 사진을 찍은 곳이 군사 지역인 것 같으며, 우리를 도와주었던 택시 운전기사는 체포되었고, 우리 역시 심문을 위해서 소환할 것이라고 이야기했다. 우리는 일제히 팡용에게 고래고래 소리를 지르며 이 궁지를 빠져나갈 수 있는 유일한 방법은 군 당국자들에게 우리의 공식 문서와 중국 국가주석 장쩌민의 친서를 보여주는 것이라고 말해 주었다. 그날 팡용은 문제를 해결하고 늦은 밤이 되어서야 돌아왔다. 우리는 팡용을 위해 미지근한 맥주를 주문했고, 외국인이면 누구나 다 스파이라고 생각하는 군 사령관

이 우리가 왜 군사 지역에 낙타를 묻었는가에 관한 보고서를 읽으면서 표정이 어떠했을까를 상상해 보았다.

그 이후 며칠 동안 우리는 고민에 고민을 더 하다가 수의사를 찾기로 마음먹었다. 나머지 낙타들도 계속 몸무게가 줄고, 발이 심하게 부어올랐기 때문이었다. 수의사는 낙타를 차례로 살펴보고 귀 뒤쪽에 바늘을 찔러 혈액 샘플을 채취했다. 그는 발이 부어오른 것이 질병 때문이 아닐까 의심했지만 혈액 검사 결과 별다른 병은 없었다.

시내를 돌아다니는 동안 우리는 한 무리의 관광객들이 엄청나게 큰 육봉(肉峰)을 가진 낙타에 올라타 기념사진을 찍는 장면을 목격했다. 낙타의 주인은 그 낙타를 간쑤성 북서부 도시인 둔황에서 구입했다고 알려주었다. 둔황 낙타는 우리 몽골 낙타들보다 육봉이 훨씬 컸을 뿐만 아니라 발바닥도 훨씬 넓었다. 발바닥이 넓으면 모래를 걷는 데에는 더 적절하고, 커다란 육봉은 더 많은 지방을 저장할 수 있기 때문에 사막을 건너야 하는 우리 여행에 더 적합할 것 같다는 결론을 내렸다. 우리는 급히 둔황 낙타를 사야겠다고 작정을 하는 한편, 이런 결정이 가져올 결과를 장기적인 측면에서 고려해 볼 필요가 있다고 생각했다.

우리 낙타들은 몇 주를 더 쉬어야 했기 때문에 나는 팀을 둘로 나눠 한 팀은 카라반과 함께 머물고, 다른 한 팀은 티베트 외곽에 있는 가장 큰 티베트 사원으로 곁가지 여행을 하기로 했다. 이 라브랑 사원(Labrang Monastery)은 란저우 서쪽 샤허(夏河)에 있다. 샤허로 올라가는 길은 계곡 바닥에서 3,000m 위에 있어서 아주 좁은데다가 토사가 흘러내리고 낙석이 쏟아지는 아주 위험한 곳이었다. 그 지역의 중국인 관리들은 이런 상황을 십분 활용해 샤허로 가는 버스표를 사는 외국인들에게 특별 생명보험을 들 것을 요구했다. 물론 보험료는 지나치게 많은 액수였다. 보험 계약서는 질이 정말 형편없는 종이에 영어로 이렇게 인쇄되어 있었다.

만일 이 계약서에 이름이 적힌 사람이 샤허의 도로에서 사고를 당해 사망하면 그의 뼈를 고국으로 보내줄 것이다.

샤허, 천장(天葬)

라브랑 사원은 좁은 강물의 강둑을 따라 지어져 있었고, 뒤로는 가파른 절벽을 등지고 있었다. 그곳은 티베트 고유 영토의 바깥이지만 '티베트 불교의 노란 머리덮개(Yellow Head Covering of Tibet Buddism : 수도승과 라마승들이 머리에 쓰는 덮개는 고대 로마 군인들이 쓰던 모자와 비슷하다)'라고 일컬어지고 있으며, 겔룩파(Gelukpa : 티베트 불교의 4대 종파 가운데 하나. 노란 모자를 쓰고 있기 때문에 황모파黃帽派라고도 한다) 종단에서는 가장 중요한 사원이다. 나무 의자가 놓여 있는 아주 소박한 버스를 타고 가파르고 구불구불한 산길을 돌아 올라가 샤허의 짙푸른 계곡을 향해 내려가면서 나는 완전히 새롭고 전혀 다른 세계로 들어가는 것 같은 느낌에 젖어들었다.

그 동네는 이웃 마을들과 티베트 전역에서 모여든 순례자들로 북적였다. 순례자들은 예복을 갖춰 입고 사원과 그 안에 세워진 수많은 신비스러운 성소들을 방문했다. 동네 거리를 내려가다 보면 사람들은 자신도 모르는 사이에 순례자들 무리에 섞여 화려한 색채의 바다에 빠지게 되고, 그곳에 스며있는 신성한 분위기를 피부로 느끼게 된다. 야크나 말을 타고 수백 킬로미터를 달려 성소를 찾아 샤허에 온 티베트 사람들…… 거기서 그들은 이 거룩한 사원 주위를 시계 방향으로 돌면서 함께 신성한 문구를 음송한다. 옴마니반메홈(Om Mani Padme Hum : '온 우주Om'에 충만하여 있는 '지혜mani'와 '자비padme'가 지상의 '모든 존재hum'에게 그대로 실현될지라) 옴마니반메홈!

수백 년 동안 똑같은 방식으로 진행되어 온 이 성스러운 의식은 사람의 마음을 끌어당기는 힘이 있는 듯하다. 나도 이내 티베트의 자연 안에서 시간의 흐름을 상징하는 이 신성한 의식에 참여하게 되었다. 티베트 사람들은 중국인들과는 전혀 다르게 외국인에게 아주 개방적이다. 이유는 단순하다. 목에 카메라를 걸고 있는 외국인들은 중국과 대립을 하고 있는 티베트의 문제를 널리 알려줄 수 있는 저널리스트라고 간주되기 때문이다. 티베트의 사원들은 일종의 교육 기관이다. 사원에서는 불교를 수행하는 승려들의 의식

사원에 있는 신성한 불 앞에서
기도하고 있는 티베트 승려.

(수백 년 동안 수행되어 오면서 성문화된 믿음)에 관하여, 그리고 티베트의 전설이라든가 윤회 사상, 자연 약재나 점성술, 종교적 계율에 기초한 티베트의 의술 등에 관한 전반적인 교의를 전수해 주고 있다. 모든 규율은 티베트인들이 2천 년 동안 지켜온 문화와 종교적 신앙을 지키기 위한 것이다. 대다수의 사원들과 성소들은 문화대혁명 때 완전히 파괴되고, 몇몇 사원들만 오늘날까지 명맥을 유지하고 있다. 물론 고승과 승려들도 극소수만이 잔존해 있다.

티베트와 그 인근에 살고 있는 티베트 사람들은 자주 반란을 일으켰다. 그 가운데 일부는 세계 언론에 보도되기도 했지만 대부분의 반란은 보도조차 되지 않았다. 반란이 비폭력적인 소요 사태였다는 것은 동양의 철학이나 티베트의 정신을 통해서 확신할 수 있다(티베트의 망명 지도자 달라이 라마는 이런 비폭력 투쟁의 공로를 인정받아서 노벨평화상을 수상했다). 1988년에 나는 인도 북부의 다람살라(Dharamsala)에서 달라이 라마(Dalai Lama)를 친견한 일이 있었다. 그는 나에게 이렇게 말했다.

"티베트가 다시 한번 자유로운 독립 국가가 되기를 바라는 것은 꿈같은 일일지 모르지만, 우리는 전 세계 모든 사람들이 보는 앞에서 우리의 문화를 지켜내기 위한 투쟁만큼은 절대 포기하지 않을 것입니다."

티베트인들은 성품 자체가 자유로운 기질에 기초하고 있다. 그들은 사람이 죽으면 시신을 매장하거나 화장을 하지 않고 북아메리카의 일부 인디언 부족들과 비슷하게 시신을 가장 높은 봉우리로 가지고 가 거기에 놓아둔다. 거기서 시신은 독수리의 먹이가 되고, 죽은 자의 영혼은 날개를 치며 비상하게 된다. 즉 티베트인들은 죽은 자들을 하늘에 매장하는 것이다!

샤허에서 지낸 주간은 우리 모두에게 치료의 기간이 되었다. 이곳에서 우리는 처음 한 달 동안 여행에서 부딪쳤던 수많은 문제들의 짐을 벗어서 내려놓을 수 있었다. 우리는 란저우로 돌아가게 되면 우리 낙타들을 일부 혹은 전부 팔아버리고 새롭게 힘을 내어 출발하기로 마음먹었다.

우리는 그곳에서 티베트 음식을 시식하였고, 많은 승려들을 사귀었다. 날씨가 좋을 때면 옥외에서 진행되는 종교 의식들을 비디오테이프에 담기도 했다. 어느 날은 티베트 식당에서 티베트 스타일의 만두에 무랏이 준비한 마늘과 요구르트 소스를 곁들여 터키식 만두를 만들어 먹었다. 식당의 주방장도 그 소스를 아주 마음에 들어 했고, 앞으로 이 소스를 계속 서비스하겠다고 말했다. 샤허는 어린 소녀들과 붉은 가사를 걸친 승려들도 당구를 즐기는 마을이었다. 우리가 그 마을을 떠나기 전날에는 깜짝 놀랄만한 일이 벌어졌다! 역사책에서나 읽어 보았던 전설속의 사람들을 만난 것이다. 살라르족이었다!

13세기에 몽골인들은 아시아 전역을 휩쓸며 가는 곳마다 모든 것을 파괴해 버렸다. 칭기즈 칸이 이끌었던 몽골 군대가 중앙아시아에 이르렀을 때 살라르족은 간쑤성으로 피신을 했다. 원시 우즈벡 터키어(Uzbek Turkish)를 사용했던 모슬렘 살라르족은 무역을 하는 카라반들의 소유주들이었거나 카라반을 만들어 여행하던 상인들이었던 것으로 추정된다.

그들의 전설에 따르면 살라르족은 침략해 들어오는 몽골 군대에 밀려 이곳까지 왔지만 어디에 정착을 해야 할지 결정하지 못하고 있었다고 한다. 그러던 중 어떤 아름다운 계곡에 도착했는데 그때 그들이 카라반으로 끌고 왔던 아름다운 하얀 낙타 한 마리가 돌로 변해 버렸다. 기적을 목격한 살라르족은 이곳이 바로 신이 그들에게 정착하라고 점지해준 곳이라고 믿게 되었고, 그들이 정착한 곳을 따라서 흐르는 강을 '낙타 강(Camel River)'이라 이름 지었다. 이 종족은 그들의 시조들 가운데 한 사람의 이름을 따서 살라르족이라고 알려지게 되었고, 자신들을 가리켜 살라르 오굴라르(Salar Ogullari : 살라르의 아들)라고 불렀다.

오랜 세월 중국어를 사용해오고 있는 모슬렘 회족 역시 자신들이 중국에서 살게 된 것을 비슷한 전설로 설명하고 있다. 티베트인 심지어 몽골인과도 피가 섞인 회족과 살라르족은 실제로는 너무나 비슷하게 생겼다. 사람들이 많이 모여드는 시장 같은 곳에서 회족을 구별하려면 길고 성긴 수염이나, 그들이 몸에 치장하고 있는 갈색 암석 수정을 잘라 광택을 낸 수제 유리 장신구들을 유심히 살펴야 한다.

샤허와 인접한 마을에 살고 있는 살라르족은 중앙아시아의 가장 오래 된 공동체 가운데 하나이다.
살라르족은 사마르칸트에서 기원하여 고대 터키어를 사용하는 것으로 간주되고 있다.

불교도 터키족 ─ 유구르족

실크로드 역사에서 감숙주랑, 또는 하서회랑이라고 알려져 있는 산악의 좁은 관문은 수백 개의 간선도로들로 연결되었으며, 중국으로 들어가고자 하는 모든 카라반들이 모여들던 곳이다. 수백 킬로미터를 여행하여 그곳에 이른 카라반들은 한결같이 다시 이 주랑을 통과하여 쿤룬 산맥을 지나야 한다. 그리고 거기서 기다리고 있는 사막을 통과해야 멀고 먼 나라들의 시장에 이를 수 있었고, 그래야 중국에서 가져온 물건들을 팔 수 있었다. 감숙주랑을 따라서 정류장들이 있는데 그 중에서도 중요한 곳이 장예(張掖)라는 도시이다. 이 도시를 처음 본 사람은 마르코 폴로였다. 그는 여행 중에 이곳에서 1년간 머물렀다. 장예는 서쪽에서 건너온 불교도들이 정착했던 곳이고, 서하(西夏) 왕국(11~13세기에 중국 서북부의 오르도스Ordos와 간쑤 지역에서 티베트 계통의 탕구트족이 세운 나라. 본래의 명칭은 대하大夏이지만, 송宋에서 '서하西夏'라고 불러 이 명칭으로 널리 알려졌다)의 수도였다.

여기에 있는 불교 사원에는 길이가 34m에 달하는 와불상이 있다. 우리가 장예를 방문한 주목적은 터키어를 사용하는 불교도들의 집단인 위구르족을 만나기 위한 것이었다. 신장성(新疆省)에 살고 있는 모슬렘 위구르족은 인구가 1천만에 달하는 강인한 사람들로 간쑤성에 살고 있는 5~6천 명의 불교도 유구르족(Yugur)을 황색 위구르족이라 부르기도 한다. 이 이름은 아마도 이들이 불교도이며 라마교(티베트 불교)의 겔룩파(황모파)라는 것을 강조하기 위해서 유래한 것으로 생각된다. 유구르족, 즉 황색 위구르족은 쑤난(肅南) 마을에 살거나 또는 치롄(祁連) 산맥 기슭을 따라서 인접한 고원 지대에 천막을 치고 살아가고 있다. 장예로부터 자동차로 몇 시간 거리나 떨어져 있는 그곳에서 그들은 동물을 기르며 살아가고 있었다. 유구르족은 매년 일정한 날을 정해두고 마티시(Mati Si)라고 부르는 장예 근처에 있는 절벽에 있는 사원과 같은 장소에 모인다. 축제에서는 활쏘기 대회와 경마가 열리는데 이 부족의 긴 역사의 남은 마지막 흔적들을 보존하고 있는 것이

바위 사원 마티시 안에 있는 불상들.
터키어를 사용하는 불교도 유구르족들이
종종 모여서 기도를 올린다고 한다.

다. 축제 기간 동안에 사람들은 동굴에 있는 성소들을 방문하기 전에 화려한 전통 의상과 술(장식으로 다는 여러 가닥의 실)이 달린 고깔모자를 쓴다. 이렇게 돌을 파내어 만든 성소의 시작은 유구르족이 기원한 1천 년 전까지 거슬러 올라간다. 사람들은 여전히 이곳을 찾아 불상과 불화 앞에서 머리를 조아려 기도를 드린다.

유구르족은 위구르족보다는 몽골인을 더 닮았다. 숫자는 5~6천 명 정도이다. 유구르족이 터키어와 몽골어를 둘 다 사용한다는 사실에서 우리는 이 집단의 민족적 기원에 관하여 흥미로운 실마리를 찾을 수 있다. 그러나 오늘날까지도 유구르족에 대한 제대로 된 학문적인 연구는 이루어지지 않고 있는 실정이다. 오늘날 젊은 세대들은 전통적인 부족 생활을 벗어나서 중국식 교육을 받을 수 있는 학교에 진학한다. 이런 현실은 이 종족들이 머지않은 장래에 그들의 역사적 정체성을 완전히 잃어버리게 될 것임을 예고하고 있다.

나는 이전에도 이들을 한 번 방문한 일이 있었다. 한 터키 신문에 유구르족에 관한 기사를 기고하기 위해서 취재차 왔을 때였다. 당시 나는 나이 많은 한 유구르 노인과 이야기를 나눴는데, 그는 터키어를 사용하고 있었다. 팩스턴은 이번에도 유사한 만남이 이루어지는 장면을 비디오에 담기를 원했지만 고대 터키어를 할 줄 아는 사람을 찾기가 어려웠다. 결국 며칠을 기다린 끝에 우리는 사원 마티시에 기도를 올리러 온 젊은이들 가운데서 터키어를 사용하는 몇 사람을 만날 수 있었다. 우리의 중국어 통역 팡용은 상당히 놀라는 눈치였다. 12,000km나 떨어진 터키에서 온 사진가가 채 5천 명도 안 되는 거의 잊혀진 부족의 마지막 남은 사람들과 모국어로 대화를 나눌 수 있다니!

유구르의 젊은이들과 나눈 대화에서 우리는 터키어를 사용하는 유구르족이 쑤난 마을과 그 주변 산악지대에서 털로 짠 천막을 치고 살고 있다는 것을 알게 되었다.

천막에서 살고 있는 불교도 터키인들!

1천 년이라는 장구한 세월 동안 전혀 다른 문화 속에서 섞여 살아오면서도 그들만의 독특한 문화와 언어를 지켜온 사람들이 있다는 것은 정말로 놀라운 일 아닌가! 우리는 장예로 돌아가 거기서 하루에 두 번 운행되는 마을버스를 타고 쑤난 마을을 찾아가기로 했다.

사실 몇 년 전 취재를 위해서 그 마을에 처음 갔을 때 중국인 경찰은 그 마을의 유일한 여관에 묵고 있던 나에게 그곳은 외국인 접근금지 구역이니 다음날 아침 첫 버스를 타고 마을을 떠나라고 했었다. 그 마을이 이번에는 우리를 어떻게 맞이할까? 조건이 예전과는 완전히 달라지지 않았는가. 이제 나는 중국인 가이드와 여행하고 있고, 사진 촬영을 허락하는 문서도 있고, 무엇보다도 중국 장쩌민 국가주석이 쉴레이만 데미렐 터키 대통령에게 보내는 친서도 갖고 있지 않은가. 그 서신에는 내 이름이 온전하게 세 번이나 언급되어 있고, 또한 터키가 이 프로젝트를 수행하는 것에 대한 축하의 메시지도 담겨 있다.

하지만 그 마을은 아직도 외부 세계와는 단절된 상태 그대로였다. 도착하던 날 저녁에 우리는 소박한 간이식당 하나를 발견했다. 음식을 막 주문했을 때 갑자기 경찰들이 들이닥쳤다. 경찰들은 다짜고짜 여권을 내놓으라고 요구했다. 팡용은 우리의 원정을 여러 가지로 설명하려고 애를 썼지만, 경찰의 사나운 눈초리에 곧 주눅이 들어 말문이 막혀 버렸다. 나는 너무 당연하다는 듯이 경찰들 가운데 가장 높은 사람처럼 보이는 사람에게 중국 국가주석이 우리에게 준 친서의 복사본을 제시했다. 그는 실제로 중국인이라기보다는 티베트인처럼 보였다. 내가 가지고 있는 역사적 지식에 비추어 볼 때 이 편지는 쿠빌라이 칸이 마르코 폴로에게 '실버 스탬프'로 봉인을 해서 준 편지나 다름이 없었다. 마르코 폴로는 비디오 촬영은 하지 않지만 그 편지를 가지고 어디든 자유롭게 통행할 수 있었다.

그런데 내 생각이 빗나갔다. 티베트인 경찰 상사와 중국인 부하들은 장쩌민의 친서를 한참 동안 살펴보더니 전 세계 인구의 4분의 1을 대표하는 지도자가 왜 우리들 같은 어중이떠중이들에게 관심을 갖게 된 것인가에 대해서는 묻지도 않았다. 팡용이 떨리는 목소리로 우리는 단순히 터키로 가는 낙타 카라반일 뿐이라고 애를 쓰며 해명을 했지만, 그 경찰 상사는 우리의 여권과 문서들을 탁자에 동댕이치며, 즉시 마을을 떠나라고 명령했다. 다른 방법을 써야했다. 나는 최소한 주문한 음식을 먹을 때까지만 기다려 달라고

그들을 설득했다. 그리고 그 잠깐 사이에 뜻밖에도 사태는 완전히 반전되었다. 우리는 그 마을에 머물 수 있게 되었다!

나는 빛바랜 작은 인쇄물 하나를 꺼냈다. 그 인쇄물 표지에는 마티시에서 열렸던 활쏘기 대회에 참여한 한 여성 궁수를 찍은 사진이 실려 있었다. 나는 인쇄물을 가리키며 마을에서 이런 종류의 사진을 찍고 싶다고 말했다. 우리를 의심의 눈초리로 보고 있던 경찰 상사의 눈빛이 돌연 변하더니 아주 환하게 미소를 지으면서 이렇게 말했다.

"그게 우리 집사람이요!"

"정말입니까? 그렇다면 우리가 이 마을을 찾아가 산악지대 펠트 천막에서 살고 있는 사람들을 몇 시간 동안만 만나도 되겠습니까? 비용이 든다면 얼마든지 내겠습니다."

"물론이요."

경찰 상사가 말했다.

"하지만 이제 날이 어두워지고 있소. 오늘 밤은 여관에서 지내고 내일 아침에 가보시오. 내가 군용 차량을 보내주겠소. 그 차를 타고 둘러보도록 하시오. 물론 휘발유 값은 내야 할 거요."

그리고 그는 이렇게 한 마디를 덧붙였다.

"하지만 몇 시간 내에 마쳐야 하오."

여관을 향해 가면서 팩스턴은 오늘 밤을 절대로 잊을 수 없을 것 같다는 말을 연거푸 되풀이했다. 나는 나대로 속으로 계산을 하고 있었다. 도대체 그 티베트인 경찰에게 '휘발유' 값을 얼마나 주어야 할 것인가. 나는 마르코 폴로 시절에는 이런 문제를 어떻게 해결했을지가 궁금했……

다음날 아침, 덮개가 푸른 군용 차량이 우리를 태우고 비포장도로를 내려가 유구르

▶ 쑤난 근처 펠트 천막 안에서 살고 있는 유구르족 가정의 젊은 여인이 먼 곳에서 온 손님들에게 마실 것을 대접하고 전통 노래들을 불러주고 있다.

족의 천막촌을 향했다. 그곳은 쑤난에서 몇 시간 거리에 있었다. 하루 종일 나는 그 사람들이 실크로드에서 어떤 모험을 했을 것인가, 그리고 그 장구한 세월 동안 모국어인 터키어를 지키기 위해 어떻게 살아왔을까를 생각했다. 또한 그들이 실크로드를 통해서 들어온 상인들에게 불교를 알게 되어 개종하기 전 수천 년 동안 샤먼으로 살아온 삶은 어땠을까 하는 것도 생각해 보았다. 우리는 이내 그들의 정착촌에 도착했다.

푸른 산에 있는 정착촌은 아나톨리아의 토로스 산맥에 있는 외뤼크족(Yörük)의 정착촌과 상당히 비슷해 보였다. 우리는 거기서 순박하고 인심이 좋은 사람들과 인터뷰를 했다. 점심 식사로 우리는 펠트 천막 안에서 납작한 빵과 따뜻한 우유를 대접받았다. 천막 내부는 불상들과 달라이 라마, 그리고 불교의 신성한 상징들로 장식되어 있었다. 오후 늦게 우리는 독한 중국술을 나눠 마셨고, 약간의 취기도 올랐다. 우리는 유구르 노인이 연주하는 전통 음악을 비디오에 담았다. 그는 이런 종류의 음악을 꽤 잘 알고 있는 것 같았다. 티베트인 경찰과 우리 중국인 가이드 팡용은 아직도 우리가 모국어로 이런 사람들과 대화를 나눈다는 사실을 도저히 이해할 수 없다는 눈치였다. 고국이 그렇게 멀리 떨어져 있는데 어떻게 모국어로 대화는 나눌 수 있단 말인가! 우리는 이 목축민들의 거짓 없는 소박한 생활 이야기와 이제는 거의 잊혀져 버린 사람들의 전설도 들을 수 있었다.

몇 시간 동안 음악을 비디오에 담은 팩스턴은 이 자료가 독자적인 영화로 사용될 수 있어야만 한다고 계속 주장을 해댔고, 나는 혼자서 유구르족은 왜 숫자를 셀 때 11은 세는 방법이 달라지는가를 생각하고 있었다. 터키인들은 11과 12를 셀 때 10과 1, 10과 2 이런 식으로 이야기하는 반면, 유구르족은 이상하게도 1과 10, 2와 10 이런 식으로 이야기했다.

저녁에 우리는 산길을 따라 쑤난으로 돌아왔다. 날씨가 매섭게 추워졌는데도 산길

▶▶ 유구르족과 티베트 사람들이 모두 종종 방문하는
마티시 바위 사원들은 실크로드에서 가장 신비스러운
곳들 가운데 하나지만 일반인들에게는 거의 잊혀져버린 곳이다.

옆에는 푸릇푸릇한 목초들이 깔려 있고 풀꽃들도 피어 있었다. 돌아오는 길에 티베트인 경찰은 우리에게 이런저런 이야기를 들려주었다. 광용의 통역에 따르면 중국 정부는 유구르족을 위해서 새로운 계획을 세우고 있다고 했다. 이 '근대화 프로젝트'에는 1천 년 동안 자신들의 문화와 언어를 지키며 살아온 이 사람들을 완전히 새로운 곳으로 이주시키는 것도 포함되어 있는 모양이었다. 거기서 사람들은 새로운 현대 중국인들의 생활 방식을 받아들이고, 아이들은 중국 학교에 다니게 될 것이다. 이런 식으로 펠트 천막에서 수천 년 동안 전원 생활을 해오던 사람들은 도시화될 것이고, 자녀들은 교육을 받게 될 것이다. 중국 정부는 분명히 이 사람들이 살아가고 있는 어려운 생활 조건을 개선시킬 수 있다는 확고한 신념을 가지고 일을 추진하겠지만, 사실 이런 종류의 계획이 늘 그렇듯 유구르족의 문화적 유산을 보존하고자 하는 노력은 하지 않을 것이다.

나는 안타까운 마음과 함께 우리가 오늘 촬영한 비디오와 사진들이 이 사람들의 생활 방식을 기록한 처음이자 마지막 기록이 될 수도 있으리라는 불안한 생각이 들기도 했다. 만일 유구르 사람들이 그 산악지대를 떠나게 된다면 몇 세대 지나지 않아 얼굴이 많이 닮은 수많은 다른 중국인들과 똑같이 변해 버리고 말 것이다. 그들의 독특한 생활 방식과 문화는 역사의 어둠 속으로 영원히 묻히게 될 것이고, 그 어떤 힘으로도 이런 덧없는 대세의 변천을 막을 수는 없으리라. 나는 그들을 떠나오면서 마음속으로 간절히 다짐하고 또 기원했다. 언젠가 반드시 이곳에 다시 올 것이니 그때에도 오늘의 이 모습 이대로 있어 달라고……

둔황 : 천 개의 얼굴을 가진 부처

실크로드 주변에는 수많은 예술 작품과 고고학적 보물들이 있지만 가장 중요한 것은 아마도 둔황의 막고굴(莫高窟)에 있는 벽화들이라고 할 수 있을 것이다. 이 유물을 보기 위해 매년 수백만 명의 관광객들이 중국으로 몰려들고 있다. 신실한 불교 신도들은 광대한 타클라마칸 사막으로 출발하기에 앞서 카라반들이 묵었던 이곳 작은 도시에서 프레스코 벽화로 불상을 그렸다. 산허리를 따라 바위를 파내 만든 수천 개의 동굴에 있는 그림들은 말로 형언하기 어려울 정도로 아름답다. 둔황은 비단의 전성 시기에 상인들이 묵어가는 주요 정박지였을 뿐만 아니라 중앙아시아, 인도, 박트리아(오늘의 아프가니스탄) 등지에서 오는 불교 탁발승과 승려들, 그리고 여행자들의 목적지이기도 했다. 8~12세기까지만 하더라도 불교는 중앙아시아의 주요 종교였으며, 그 기간은 실크로드의 전성기와 일치한다. 불교는 인도를 여행하고 돌아온 승려 현장(玄奘)에 의해 보다 심도 있게 전래되었으며, 한국과 일본을 비롯한 극동 지역에도 전파되었고, 마침내 그 영향력은 아시아 전역으로 퍼져나가게 되어 수많은 크고 작은 국가들의 공식적인 종교가 되었다.

여러 나라에서 이 신성한 동굴을 찾아온 승려들은 화사(畵師) 개개인의 독특한 문화적 민족적 전통을 반영한 부처의 생애에 대한 그림들을 보고 거기에 자신의 해석을 덧붙이기도 했다. 어떤 동굴들은 분명히 인도의 영향을 받았고, 또 어떤 것들은 그리스와 간다라(Gandara : 오늘날 북부 파키스탄 지역에 있던 고대 불교 왕국)의 영향이 혼재되어 있다. 많은 동굴들에서 우리는 당시 터키어를 사용하던 불교도 위구르족의 영향도 찾아볼 수 있었다. 그림들은 건조한 사막 기후의 땅에 1천 년 동안 어둠 속에서 묻혀 있던 까닭에 오늘까지도 이제 막 그린 듯 화려하고, 생생하고, 완벽하게 보존될 수 있었다. 이 특별한 동굴 박물관을 걷다보면 마치 과거의 주랑을 통과하는 듯한 착각에 빠지게 된다. 아득한 옛날 동굴을 찾았던 신실한 순례자들의 정신과 호흡, 진실한 경배의 모습이 손에 잡힐 것 같은 느낌이다.

동굴들이 다시 빛을 보게 된 것은 19세기 말의 일이었고, 이후 수천 개의 비문과 조각상이 발굴되었다. 기록의 대부분은 오랜 세월 동안 잊혀져버린 언어로 되어 있었으며, 그 가운데 일부는 그림으로 장식된 비단 조각에 목판을 눌러 양각으로 글씨를 넣은 형태로 최초로 인쇄한 책이 아닐까하는 생각이 들기도 한다. 여기서 발견된 모든 비단 조각은 이 문명이 부처에 대해 가지고 있던 애정과 존경을 표현한 내용들이다.

우리가 둔황을 방문한 주목적은 새로운 낙타를 사들이는 것이었다. 사막의 남쪽 끝 둔황 근처에 있는 '옥문관(玉門關)'을 지나갔던 카라반들은 옛날 비단 생산의 중심지인 호탄(和田)을 거쳐서 카슈가르에 이르렀다. 우리는 여행 루트를 논의하면서 카슈가르로 가는 북쪽 길로 가기로 결정했다. 그 길은 수원이 풍부하고, 하미(哈密), 투르판(吐魯番), 아커쑤(阿克蘇), 쿠처(庫車) 같은 유명한 실크로드 도시들을 거치게 된다. 이 루트는 둔황을 거쳐 갈 순 없었다. 그러나 란저우에서 육봉이 커다랗고 발이 넓은 낙타를 본 후, 우리는 우리가 데리고 온 작은 몽골 낙타들을 팔고 혹독한 사막의 환경에서 견딜 수 있는 낙타들을 사야겠다고 생각했다. 둔황으로 출발하기 직전에 여정이 바뀌게 된 것이다.

우리는 둔황에서 꼬박 2주간을 머물면서 낙타를 찾고 흥정을 했다. 결국 우리는 슈(Shu)라는 사람과 흥정을 하여 우리의 낙타들을 그에게 주고 거기에 약간의 웃돈을 얹어 그의 낙타들과 교환을 하기로 합의했다. 발을 저는 사미를 중도에서 팔고 가련한 카라괴즈는 세상을 떠나서 남은 낙타는 여덟 마리뿐이었다. 우리는 우리의 낙타들을 팔고 슈의 낙타들을 트럭에 싣고 우리가 묵고 있는 자위관(嘉峪關)으로 돌아왔다. 우리는 사막으로 들어가기에 앞서 거기서 새로 산 낙타들과 익숙해지기 위해 노력했다. 하지만 자위관이라는 사막 도시는 전에는 경험해보지 못한 엄청난 양의 비가 내리기도 했고, 네잣이 앓고 있던 편도선염이 점점 더 자주 도져서 예정했던 것보다 그곳에서 오래 머물러야 했다.

우리는 왜 그렇게 어처구니없이 비가 많이 내리는지 텔레비전을 보고 나서야 그 이유를 알 수 있었다. 방송에서 중국 관리가 중화인민공화국이 타클라마칸 사막에서 40번째 마지막 핵실험을 막 마쳤다고 발표했다.

사막에서의 생일파티

우리와 동행할 일행이 한 사람 늘게 되었다. 둔황에서 새로 계약한 귀라이옌(Guo Lai Yan)이라는 소녀였다. 아주 아름다운 이 중국인 소녀의 가족은 위구르 자치구에서 살고 있었고, 그녀는 영어를 아주 유창하게 잘했다. 그녀는 커다란 사전을 들고 다니면서 항상 새로운 단어를 찾아서 외웠고, 외우고 나면 새로운 문장을 만들어 우리에게 들려주곤 했다. 하지만 그녀가 새로 찾아내는 단어들은 대부분 뜻이 너무나 불분명해서 심지어는 미국인인 팩스턴조차 무슨 뜻인지 잘 알아듣지를 못했다. 우리가 귀라이옌을 만난 것은 그녀가 일하고 있는 둔황의 한 식당이었다. 그녀는 우리의 모험에 관심을 보였고, 우리와 함께 투루판까지 같이 가도 되겠냐고 물었다.

철도가 있는 작은 도시 자위관에서 사막으로 출발하는 일은 우리가 계획했던 것처럼 간단치가 않았다. 여러 해 동안 중국 정부는 사막에서 핵실험을 하고 있었고, 이 실험은 지역 기후에 심각한 영향을 미쳐서 우리는 끊임없이 쏟아지는 비와 짙은 황사가 그치기를 기다려야 했다. 그러는 동안 우리는 계속 네잣을 데리고 동네 병원을 다니며 편도선염을 치료했다. 그는 강력한 항생제와 혈청 주사 등의 치료를 받았지만, 중국인 의사는 조직 검사를 해야 한다고 주장했다. 의사는 표본을 채취하기 위해서 커다란 집게 세트를 사용했고, 담력이 좋고 참을성 많은 네잣에게도 이는 참을 수 없는 고통이었다. 이때부터 네잣의 목은 점점 악화되어 통증은 가라앉지 않았고, 결국 우리의 원정이 끝나갈 무렵 그는 앙카라에서 병원 신세를 지게 되었다.

자위관에서는 낙타들을 우리가 묵고 있던 호텔 마당에 매어두었다. 마침내 비가 그치던 바로 그날, 낙타몰이꾼 리가 마당에 나갔다가 겁에 질린 얼굴로 들어왔다. 뭔가 좋지 않은 일이 있다는 것을 직감했다. 그가 소리쳤다.

"로토 메요! 로토 메요!"

낙타들이 사라진 것이다!

우리는 모두 침대에서 튀어나왔다. 무선전화를 켜고 우리가 지난 며칠 동안 자주 모이던 장소에 집합했다. 지난밤에 누군가가 석탄재를 모으려 왔다가 문을 열어놓고 떠났던 것 같다. 낙타들이 몇 시간 전에 울타리를 빠져 나갔는지, 어느 방향으로 가고 있는지 도무지 알 수가 없었다. 낙타는 한 시간에 4km 정도를 가니까, 만일 아침에 집을 나섰다면 그리 멀리 가지는 않았을 것이다. 물론 낙타들이 쉬거나 풀을 뜯지 않고 계속 걷기만 했을 경우이다. 하지만 만일 낙타들이 한밤중에 떠나서 풀을 뜯기 좋은 장소를 찾아서 계속 걸었다면 정말 낭패가 아닐 수 없는 일. 어쨌거나 그들은 반경 50~60km 안에 있을 것이다. 우리가 묵던 도시는 평평하고 커다란 평원 한복판이었기 때문이다.

나는 녀석들이 충실한 개처럼 둔황에 있는 원래의 주인에게 돌아가려고 원래 있던 곳으로 가고 있을 것이라고 생각했고, 그쪽으로 방향을 잡았다. 부드러운 진흙길에서 녀석들의 발자국을 발견하고 따라잡게 되었으면 하고 생각했다. 우리는 두 시간 후에 호텔에서 다시 만나기로 약속하고 네잣, 리, 팡용, 팩스턴, 무랏 모두가 그 나름대로 다른 방향으로 낙타를 찾아 나섰다.

낙타들이 눈앞에서 사라져 길을 잃은 것은 이번이 처음은 아니었다. 하지만 이전에는 매번 녀석들이 사라질 때면 우리들 중 한 사람이 나섰고, 나머지가 모닥불에 둘러앉아 커피를 마시거나 담배를 피우는 동안 낙타들을 찾아왔다. 그래서 녀석들이 사라지게 되면 우리는 "그래? 찾아보지 뭐" 하고 말하곤 했다. 녀석들은 실제로 그리 멀리 가는 일이 없었다. 항상 어슬렁거리며 풀을 뜯었기 때문이다. 우리는 녀석들을 찾아 한 녀석의 등에 올라타 밤이 어두워지기 전에 모두 캠프로 데려오곤 했다.

이번에는 상황이 훨씬 심각했다. 녀석들을 찾아나선지 두 시간이 지나고 우리는 모두 숨을 몰아쉬며 호텔로 돌아왔다. 서로의 얼굴에서 무언가 희망을 빛을 찾으려고 눈치를 살폈다. 리만 아직 돌아오지 않았다. 팡용은 리가 떠난 방향을 우리에게 알려주었다. 리 역시 발견하지 못했다면 지금 이 자리로 돌아왔을 것이다. 우리는 나가서 그를 찾아보기로 했다. 지프차 한 대를 빌려서 리가 간 방향으로 가기 위해 호텔 근처 길모퉁이에 있는 교통 센터로 도움을 청하러 갔다. 교통 센터 관리는 궈라이옌이 어려운 사정을 설명하는 이야기를 듣고 장쩌민 주석의 서신을 천천히 읽더니 우리의 원정을 설명하는 작은 인쇄물에 나온 사진들을 훑어보았다. 그는 자리에서 일어나 우리에게 따라오라고 했다. 우리는 마당에서 군용차를 빌려 타고 리가 떠났다는 방향으로 출발했다. 자동차는 비포장도로를 헤치며 이리저리 구불구불한 길을 쑥쑥 빠져나갔다. 한 시간쯤 달렸을까? 멀찍이 사람 키만한 관목 숲 사이로 리의 모습이 눈에 들어왔다. 그는 진흙에 나 있는 낙타들의 발자국들을 가리켰다. 그 방향은 해가 지는 서쪽을 향하고 있었다. 모두 함께 출발했더라면 우리가 함께 가고 있을 방향이 아닌가! 우리는 리를 차에 태우고 계속 녀석들의 뒤를 밟았다.

마침내 놈들이 눈에 들어와 박혔다! 휴우, 나는 안도의 한숨을 내뱉었다. 만에 하나 녀석들을 찾지 못했다 하더라도 우리에게는 새로운 낙타들을 살만한 돈이 없었고, 그 다음 일이 어떻게 되었을지는 생각하고 싶지도 않다. 녀석들은 그날 20㎞를 달아났지만 가봤자 부처님 손바닥! 리만한 낙타몰이꾼을 다시 또 어디서 찾을 수 있을까!

낙타를 찾은 것을 축하하고 공안당국 관리에게 고마움을 표하기 위해 우리는 우리를 도와준 교통 센터의 관리와 그의 친구 두 사람을 우리가 묵는 누추한 호텔로 초대하여 저녁 식사를 함께 했다. 술도 마음껏 마셨다. 그날 밤 최고의 화제는 리였다. 리는 낙타의 발자국을 따라간 것이 아니라 녀석들의 냄새를 따라갔다. 우리는 웃음이 나와서 대굴대굴 굴렀지만, 리가 없었더라면 우리가 얼마나 많은 낙타들을 잃어버렸을지 생각만 해도 끔찍한 일이다. 리는 우리에게 재미있는 이야기를 들려주겠다고 했고, 그 이야기는 우리 여정에서 가장 멋진 농담이 되었다.

"며칠 전에 낙타 여덟 마린가 열 마린가로 이루어진 다른 카라반이 우리가 가는 방향과 똑같은 방향으로 가고 있더라구요!"

그런 농담이 나온 것은 낙타들을 다시 찾았다는 기쁜 마음도 작용을 했겠지만 중국식 닭요리를 곁들여 마신 맥주도 한몫했을 것이다. 나의 심한 농담도 일조를 했다.

"아, 그 카라반 말입니까? 그건 일본인 카라반일 거예요. 우리가 떠나기 몇 주 전에 시안을 떠났거든요. 내가 말 안했던가요? 분명히 말했던 거 같은데. 그 친구들은 우리보다 먼저 카슈가르에 갈 계획이었어요. 하지만 우리가 사막에서 그들을 앞지르겠죠. 아무튼 그 친구들은 키르기스스탄 비자도 없을 걸요. 그 친구들이 비자를 받으려고 안달복달하는 사이에 우리가 먼저 카슈가르에 들어갈 테니까. 우리가 비자를 좀 찢어서 나눠주면 그 친구들 통과할 수 있을 텐데."

내가 그런 이야기를 즉석에서 지어낼 수 있다는 것도 나 스스로 놀라웠지만 사실 그 말을 한 것은 우리 중국인 가이드 광용을 추켜세우기 위한 것이기도 했다. 광용은 다소 놀라는 것 같았다. '왜 그런 얘기를 진즉에 하지 않았어요?', '왜 나만 모르고 있었지?' 광용은 그런 눈치였다. 광용은 확실하진 않지만 내가 자기를 속이고 있다고 생각할 수도 있었을 것 같다. 어쨌거나 나는 특별한 의도는 없었다. 거나하게 취한 그 자리의 모든 사람들은 농담을 주고받는 유쾌한 분위기에 빠져들었다.

"저런, 나는 그 친구들이 우리보다 앞서가는 걸 모르고 있었네!"

"새로 산 낙타들을 데리고 가면 사막에서 금방 그 친구들 추월할 수 있을 거야."

이런 농담에 광용은 너무나 놀라 안색이 변했다. 그래서 우리는 곧 화제를 바꾸었다.

몇 주 후, 우리가 하룻밤 묵기로 한 그 장소에서 도저히 믿을 수 없는 한 가지 우연한 사건이 있었다. 바로 얼마 전에 누군가 이곳에 묵었던 것이 분명했다. 빈 캔 몇 개가 남아 있었고 마른 낙타 배설물들이 여기저기 흩어져 있었다.

"이것 좀 봐요. 그 사람들이 여기서 열흘 전쯤에 묵었는걸."

리는 동의를 구한다는 듯 격앙된 목소리로 광용을 바라보며 말했다. 그는 또 이렇게 말했다.

"일본 사람들이 여기서 사흘을 지냈던 거야. 한 보름 전쯤."

며칠 후 길을 따라가다가 광용이 비어있는 담뱃갑을 발견했다.

"이건 일본 담배잖아."

팡용은 이제야 이야기가 어떻게 돌아가는 것인지 다 알겠다는 듯 큰 소리로 떠들어 댔다. 우리는 모두 관심을 갖고 구겨진 담뱃갑을 바라보았다. 이번에는 팡용이 우리를 속이고 있는 게 아닌지 의심이 들었다.

"맞아, 그 친구들 이 길을 지나간 거야!"

"일본 카라반이라고! 그들은 여기서 캠핑을 했고 아직도 우리를 앞서가고 있어!"

"그들은 우리보다 빨라서 점점 더 우리보다 앞서 가게 될 거야. 더 속도를 내야해!"

우리 모두가 그 이야기를 꾸며내는 데 일조를 했지만, 영원히 끝나지 않을 것만 같은 사막, 뜨거운 태양 아래서 여러 시간을 쉬지 않고 걸어야 한다는 사실, 그리고 캠프에서의 무료함까지 합쳐져 결국 우리는 이 이야기를 마치 사실처럼 말하고 있었다. 아니 그렇게 믿고 싶었을지도 모르는 일이다. 우리 일행 가운데 누구보다도 팡용이 가장 그 이야기를 믿고 싶었을 것이다. 우리는 각자 이 이야기 속으로 빨려들고 있었고, 밤을 보내기 위해서 캠프를 마련할 때면 우리는 매번 혼자서든 아니면 함께든 우리가 목숨을 걸고 경쟁해야 할 일본인 카라반의 흔적을 찾아내고자 했다. 그리고 얼마 지나지 않아 우리 모두는 그런 카라반이 실제로 존재한다고 믿게 되었다.

위구르 자치구 경계 가까운 곳에 이르렀을 때 우리는 작은 강가에 있는 숲이 우거진 한 장소를 발견하고, 2~3일 정도 머물기로 했다. 그곳에서 진을 치고 쉬면서 처음 출발한 이후로 일어났던 모든 일들을 정리하고, 나머지 여정을 위해서 힘도 비축하기로 결정했다. 리는 강둑에 있는 낙타 해골 한 구를 발견했다. 팡용과 네잣은 체스놀이를 하고 있었고, 무랏과 팩스턴은 낙타들에게 절박하게 필요했던 목욕을 시키고 있었다. 그날 저녁 우리는 모두 원반던지기 놀이를 했다. 귀라이엔은 우리와 함께 여행을 시작한지 겨우 2~3주가 지났지만 이미 일지에 엄청나게 많은 내용들을 기록해 놓고 있었다. 하나의 팀으로서 우리는 지난 몇 달 동안 지금까지 정말 엄청난 문제들을 겪기도 했지만, 이제 나는 우리가 모두 잘 해내고 있다는 사실이 다행스러웠고, 개인적으로 내가 이런 훌륭한 원정대의 리더라는 사실이 자랑스러웠다!

신신샤라는 곳은 지도에도 나와 있지 않지만, 우리의 중국 여정에서는 빼놓을 수 없는 중요한 정박지였다. 그곳은 사실상 15~20가구밖에 살지 않는 아주 작은 변방 마을이지만 중국어를 사용하는 산시성의 끝과 간쑤성의 중국인 모슬렘 지역, 신장 위구르 자치구의 시작점이 만나는 지점이었다. 만일 북부 이란의 아제리(Azeri) 사람들을 포함시켜 생각할 경우, 이 지점은 수천 킬로미터까지 이어지는 터키 방언을 사용하는 사람들이 살고 있는 지역의 출발점이었다.

가난한 이 마을에는 식당 하나와 구멍가게 몇 곳뿐이었다. 주민들은 가난에 찌든 중국인들과 몇몇 위구르 가정들로 이루어져 있었다. 그러나 우리에게는 무엇보다도 소중한 곳이다. 마을의 대로는 경계를 넘어서 신장 위구르 자치구로 이어져 있었다. 중국어와 위구르어 두 가지로 기록된 표지판이 보였다. 우리는 '터키어를 사용하는 땅(Turkish speaking lands)'에 가까이 가고 있는 것을 기념하면서 다소 숙연한 분위기에 젖어 이 표지판을 여러 장 촬영했다. 중앙아시아 터키인들은 이곳을 '아타 유르두(Ata Yurdu), 즉 우리 조상들의 땅이라고 말할 것이다.

우리가 위구르 땅에서 보낸 첫날은 또 한 가지 중요한 의미가 있는 날이었다. 8월 28일. 그날은 네잣의 생일이었다. 오랜 기간 같은 방을 사용한 룸메이트인 무랏이 네잣의 생일을 기억해냈다. 우리는 무언가 해주고 싶었다. 하지만 무얼 해주지? 나는 아무도 눈치 채지 못하게 동네 가게에서 쿠키 몇 상자와 양초를 샀다. 꽤 오래된 듯 보이는 쿠키는 낙타에게 주어도 먹지 않을 것 같았다. 하지만 그 쿠키가 이 케이크를 만드는 재료는 될 수 있을 것이다. 나는 둔황에서 사온 초콜릿을 녹여 분유와 섞어서 쿠키에 입힐 생각이었다. 됐다, 맛있는 생일 케이크다!

팡용은 조니 워커 한 병을 들고 왔다. 그 술은 팡용 혼자 가끔 한 모금씩 홀짝이던 것이었다. 술병은 이미 3분의 1 가량이 비어 있었지만 팡용은 나머지 3분의 2로 파티를 하자고 제안했다. 미적지근하긴 했지만 맥주도 준비되었다. 우리는 네잣을 보내서 낙타들을 모아들이라고 부탁했다. 그가 돌아왔을 때는 이미 날은 어두워졌고 달은 커다란 은쟁

반처럼 환한 빛을 내고 있었다. 여느 때와 마찬가지로 궈라이옌은 나무를 모아서 커다란 모닥불을 지폈다. 자, 이제 파티 준비 끝!

팩스턴은 이미 비디오를 찍고 있었다. 하지만 네잣은 무슨 일이 벌어지고 있는지 아직도 전혀 감을 잡지 못했다. 사막에서만이 아니라 평생 동안 누군가에게 생일 축하를 받아본 것은 그날이 처음! 네잣은 동료들이 자신을 위해서 그렇게 소동을 벌이면서…… 촛불이며, 그럴싸해 보이는 생일 케이크, 그리고 이런저런 준비를 했다는 것을 도저히 상상할 수도 없었던 것이다. 네잣은 그날이 자기 생일이라는 것도 잊고 있었다. 우리가 "Happy Birthday to you!" 하고 노래를 시작하자 그때서야 비로소 그 소동의 정체가 무엇인지 눈치를 챘다. 그는 너무나 놀라서 그런 축하에 어떻게 반응을 해야 할지 당황스러워했다. 우리는 모두 낙타들과 함께 모닥불 주위에 둘러앉아 노래를 불렀다. 낙타들도 네잣만큼이나 놀란 것 같았다.

"생일 축하합니다. 사랑하는 네잣~ 생일 축하합니다!"

사막

만일 타클라마칸 사막이 사하라 사막처럼 완전히 죽은 땅이고, 모래의 바다에 지나지 않았다면 인류의 역사는 완전히 다르게 기록되었을 것이다. 실크로드는 없었을 테니까! 그렇다면 비단, 도자기, 나침반, 화약 등은 낙타 카라반들에 실려서 동양에서 서양으로 이동하지도 않았을 것이고, 고향으로 향하는 카라반들과 합류했던 용감한 모슬렘들이 종교와 철학 사상 및 개념들을 동쪽으로 전해주지 못했을 것이다.

타클라마칸 사막에는 생명이 있다. 천산 산맥(天山山脈)에서 발원하여 흐르는 물은 비록 아주 가늘게 사막을 흐르고 있지만 그 물은 실제로 그 땅을 적셔 낙타들이 마실 수 있고, 우리가 차와 커피를 끓여 먹을 수 있었다. 더욱 더 중요한 것은 타클라마칸 사막에는 우리 동물들의 에너지원인 먹이가 있다. 끊임없이 불어오는 바람 때문에 모래 안에 묻혀 있기는 하지만 타클라마칸은 지극히 아름다운 꽃들을 피워내는 갖가지 식물들이 수놓고 있다. 이 거대한 사막은 하나의 소금 호수로 거기에 바람에 실려 온 퇴적토들이 쌓여서 인류 역사상 가장 풍성한 문화를 만들어냈다. 그것이 바로 중국 문화!

중국에서 아주 멀리 떨어진 계곡에서 불어오는 바람은 사막을 핥고 지나가 황토 먼지들은 황하 강둑으로 떨어지고 쌓여 갖가지 화학 성분이 풍성한 비옥한 토양을 만들어낸다. 이것은 중국에게는 신의 선물로서 중국인들이 농사를 짓고 도자기를 만드는 데 없어서는 안 될 천연자원이 되었다. 수천 년 동안 타클라마칸 사막은 인류 역사를 좌우했던 수많은 문화들을 길러냈다. 사막의 리듬에 점점 익숙해지기 시작하면서 우리는 그 사막이 인류 역사에 미친 영향을 한결 더 깊이 생각하게 되었다.

사막의 바닥을 장식하고 있는 덤불 잡목들을 헤치고 나가면서 우리는 거기서 필요한 모든 것을 얻을 수 있었다. 캠프에서 하는 점심 식사를 위한 것이든, 저녁을 위한 것이든, 그리고 밤에 자유롭게 휴식을 취하는 우리 낙타들을 위한 것이든, 모든 것이 손이 닿는 가까운 곳에 있었다. 실제로 이런 시점이 되면 필요한 것은 빤히 정해져 있다. 우리 낙타들은 우리가 지나오는 길에 만났던 아주 단단하고 건조한 덤불 잡목들도 잘 소화를 시켰고, 심지어는 엉겅퀴와 가시나무까지도 먹었다. 불을 피울 때도 덤불 잡목 뿌리 몇 개면 충분했다. 구덩이를 파고 돌 세 덩이를 주변에 놓고 솥을 걸면 훌륭한 화덕이 되어 차도 끓이고 요리도 할 수 있었다. 우리는 염소가죽 몇 장을 불가에 펴고 모여 앉아 하늘의 별들을 지붕 삼아서 기대어 쉰다. 그것이 우리 캠프였다! 밤이 되면 갑작스런 사막의 추위가 몸을 파고들면 천막으로 들어가 침낭에 몸을 파묻는다. 매일 밤 우리는 간편식 중국 국수와 마른 고기 한 줌, 마늘 조금, 그리고 물을 끓여서 허브차를 준비한다. "자, 보시라!" 저녁 식사가 준비되었다. 저녁 식사가 끝나면 도자기 잔에 차를 마시며 몇 시간이고 이야기를 나눈다. 우리는 미래의 꿈을 이야기한다. 우리가 이스탄불에 도착하면 만들고 싶은 '지리 재단(Geography Foundation)'과 새로운 프로젝트들, 그리고 새로운 원정에 관하여!

우리가 사막을 통과하는 여행길에 관련된 상세한 사항들을 모두 배우는 데는 그리 오랜 시간이 걸리지 않았다. 우리의 몸과 발이 따로 움직이고 있는 것 같았다. 우리는 낙타와 보조를 맞추어 한 시간에 4km 정도를 걸었다. 때때로 우리는 무리를 지어 걸으면서 재미있는 대화를 이어나갔다. 그렇게 무리를 지어 걷는 것이 가장 걷기가 수월했다. 눈을 들어 주홍빛에서 보랏빛으로 물드는 서쪽 하늘을 보게 되면 "석양이야!" 하고 소리를 지르며, 또 하루를 마감하기 위해 걸음을 멈추고 그날 밤 야영 장소를 물색했다. 때로는 아침에 모닝커피를 마시고 나서 두 사람씩 짝을 이루어 걷기도 했다. 그럴 때면 가장 사적인 은밀한 대화들을 나눌 수 있었다. 또 어떤 때는 혼자 걸었다. 혼자 걸을 때면 생각 속에 빠져서 걷고 있다는 사실조차 잊고 계속 발걸음을 옮기기만 했다. 앞으로, 또 앞으로…… 이렇게 스스로를 자신 안에 가둔 채 혼자 걷는 길이 가장 더뎠다. 혼자 걸을 때 우리는 종종 지평선을 응시하다가 멀리서 무언가가 어른거리는 것을 보게 되기도 했다. 바로 모래 언덕 뒤에 숨겨져 있는 마른 나뭇가지거나 멀리까지 뻗어있는 오아시스였다. 우리가 선택한 목표가 얼마나 멀리 있느냐 하는 건 중요하지 않았다. 다만 우리는 목표를 향해 건

고 있을 뿐이다. 쉬지 않고 말없이……

사막을 걷다 보면 우리 내면의 소리에 귀를 기울이게 될 때도 있고, 우리보다 앞서 수백, 수천 년 전에 이 길을 따라 걷던 카라반 여행자들의 정령이 우리는 따라오고 있는 것 같은 느낌에 휩싸이기도 한다. 때로는 그들이 우리의 캠프 근처를 배회하면서 바로 옆에 다가와 있는 듯한 느낌이 들기도 한다. 우리가 어떤 도시나 마을 가까이에 이를 때면 정령은 우리가 그리워하던 대피소가 되기도 한다.

사막을 여행하다 보면 수많은 문제들이 일어난다. 바위가 많은 장소에서 야영했을 때 팩스턴과 나는 전갈에 쏘여 끔찍한 고통을 당하기도 했다. 또 어느 날에는 하미 근처에서 모래 폭풍을 경험했는데, 처음 겪는 일이라 혹시 우리가 죽게 되는 건 아닌지 하는 무서운 생각이 들기도 했다. 사막은 우리에게 때로 불안과 두려움을 주기도 하지만, 말로는 이루 형언할 수 없는 엄청난 해방감을 만끽하게 해준다. 우리는 사막에서 우리 자신을 발견했다. 아마 우리의 사랑하는 낙타들도 이 사막에서 가장 행복한 일상을 마주하고 있을 거라고 생각했다. 녀석들은 마음껏 풀을 뜯을 수 있지 않은가!

사막은 우리 여행의 근간이자 우리 여정에서 가장 중요한 부분이기도 했다. 지난 2년 동안 이 기나긴 여행을 준비하면서 우리는 무엇보다도 먼저 사막에서의 하루하루를 가장 걱정했다. 하지만 사막은 결국 우리와 우리 자신들, 서로와 서로를 가장 잘 알 수 있게 해주는 장소가 되었다. 가혹하리만치 지독한 사막의 태양 아래를 걸을 때면 우리, 우리라는 존재 그 자체는 오로지 사막만을 생각했다. 아주 오랜 옛날 우리에 앞서 바로 이 길을 걸었던 모슬렘 탁발승들도 아마 그러했으리라.

우리는 하미가 가까워지고 있다는 사실에 흥분을 감추지 못하고 있었다. 사막에 있는 최초의 위구르 도시가 아닌가! 위구르 사람들은 그 도시를 모래가 많다 하여 '쿠물(Kumul : 쿰kum은 모래라는 뜻)'이라고 불렀다. 하미는 생각만 해도 거기서 나는 하미과(哈密瓜)가 생각난다. 육즙이 많고, 아주 달콤한 노란 하미과. 고대에도 카라반들은 하미과를 중국으로 가져갔다고 알려져 있다. 이곳을 지날 때 하미에서 중국으로 하미과를 실어

나르는 트럭을 만나곤 했다. 이따금 우리는 이런 트럭을 세워 그 달콤한 하미과를 사거나 때로는 서너 개씩 얻어먹기도 했다. 하미과를 받아든 우리는 가던 길을 멈추고 컬컬해진 목을 축여서 풀어 주었고, 껍질까지도 다 먹어치웠다. 물론 껍질은 낙타들의 몫이었다.

트럭을 세우는 일은 그렇게 만만한 일이 아니었다. 트럭들은 아주 빠르게 달리고 있어서 그들이 우리를 발견할 때면 이미 우리를 '확' 지나쳐 멀리 가버리고 난 뒤였다. 또 어떤 트럭들은 우리를 도둑떼인줄로 알고 세우려 하지도 않았다. 우리는 '하미과 트럭 세우기 작전'을 짜야만 했다. 우리들 가운데 한 사람이 일행보다 몇 킬로미터를 앞서서 걷다가 하미과 트럭이 다가오면 우리에게 핸드폰을 걸어 신호를 보냈다. 멀리 지평선 아래 트럭이 보이기 시작하면 우리는 곧바로 낙타 여덟 마리를 고속도로에 늘어세우고는 길을 건너는 시늉을 했다. 놀란 트럭 운전사가 낙타들 주변 어디에 차를 세우면 귀라이엔이나 팡용이 트럭으로 다가가서 하미과를 부탁한다. 만일 운전사가 네모난 녹색 베레모를 쓰고 있으면 그는 위구르 사람이라는 뜻이다. 그럴 땐 내가 트럭으로 다가가 정중히 "셀람 알라이쿰(Selam Alaikum)" 하고 인사를 하고, 운전사에게 우리는 모슬렘들이고 터키족인데, 이 뜨거운 뙤약볕을 맞으며 터키로 걸어가고 있는 중이다. 목이 말라 죽을 지경이라고 이야기하고는 "이 하미과 한 개에 얼마요?" 하고 묻는다. 이것이 바로 우리의 작전, 우리의 작전은 항상 100퍼센트 성공!

낙타들도 행복했고, 우리도 행복했다!

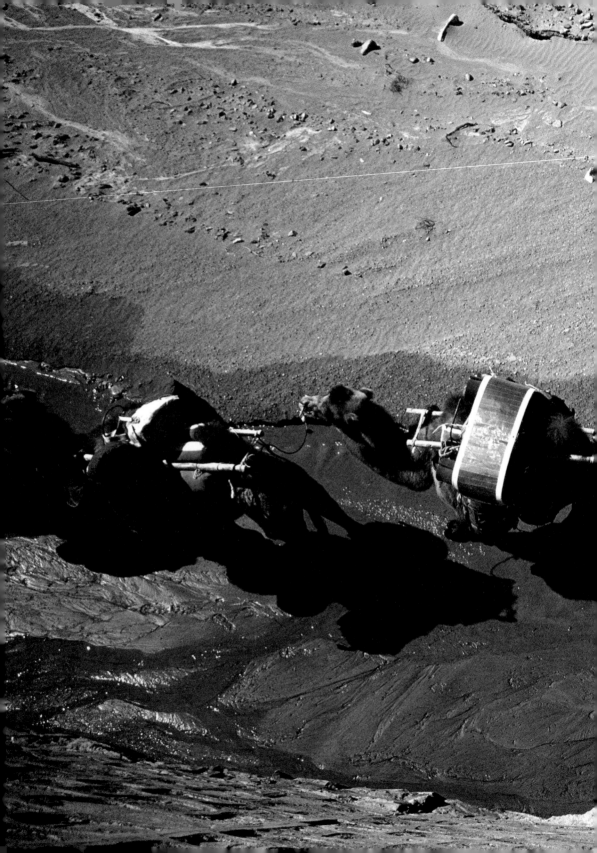

낙타 신발

쉬슐뤼가 다리를 절고 있다!……

이 낙타는 털이 길고 곱슬머리에 눈동자가 크고 검어서 우리는 그를 '쉬슐뤼(환상)'라고 불렀다. 우리는 터키 차나칼레에서 열리는 낙타 씨름대회에서 씨름을 하는 낙타들이 달고 있는 장식을 달아서 녀석을 더 환상적으로 만들어주었다. 쉬슐뤼는 카라반 행렬에서 네 번째 자리를 놓치는 일이 없었는데, 어느날 갑자기 다리를 절기 시작했다.

나도 다리를 전다. 그러나 나는 38년 동안 다리를 저는 일에 익숙해져 있고, 특수하게 맞춘 트레킹화를 신고 있어서 고통을 느끼지는 않았다. 쉬슐뤼의 진한 갈색 눈동자에는 걸음을 뗄 때마다 고통스러워하는 기색이 역력했고, 우리 모두 녀석 때문에 마음이 아팠다. 란저우에서 다른 낙타의 발이 부어올랐을 때 우리는 그 고통을 덜어주려고 애를 쓴 일이 있었다. 하지만 우리의 방법은 효과가 없었다. 처음에 우리는 쇠솥에 넣고 녹인 타르에 낙타털을 섞은 일종의 반죽 같은 것을 만들어 우리의 대장 낙타인 라스타의 발에 발라주었다.

낙타는 발바닥에 약 1cm 두께로 '차륵(carık : 샌들)'이라고 부르는 부드러운 피부층을 가지고 있다. 말이나 당나귀와는 달리 낙타는 징을 박을 수 있는 딱딱한 발바닥 대신 모래 위를 걷기에 안성맞춤인 부드럽고 넓은 발바닥을 가지고 있어, 사막을 여행하는 데에는 그만이다. 하지만 우리는 처음 한 달 동안 대부분 아스팔트나 자갈밭 같은 딱딱한 길을 걸어야 했고, 그래서 어느 정도 시간이 지나고 나니 이 '차륵'이 닳아 발바닥에 분홍빛 살이 드러나게 된 것이었다. 만일 이런 상태를 방치하거나 제때 치료해 주지 않으면 돌이 부드러운 살갗에 박혀 피가 나고, 엄청나게 큰 고통을 느끼게 된다. 카라반은 이런 일이 일어나면 가던 길을 멈추고 발을 치료해 주는 수밖에 다른 도리가 없다. 아스팔트를 오랫동안 걷고 난 터라, 라스타 역시 차륵 층이 닳아서 돌들이 발바닥에 박힌 것을 발견했다. 그래서 우리가 발바닥에 타르와 낙타털로 만든 타르 반죽을 붙여 주었지만, 라스타는 발바닥에 이상한 것이 달라붙은 것에 너무나 당황하여 발을 흙 안에 집어넣고 비벼 타르 반죽을 떼어버렸다.

쉬슬뤼에 대해서도 더 이상 좋은 묘안이 떠오르질 않았다.

1890년대에 타클라마칸 사막에서 몇 개의 잊혀진 도시들을 발견한 고고학자 스벤 헤딘과 오럴 스타인이 100년 전에 여행을 하면서 기록을 해둔 일지를 보면, 그들은 죽은 낙타의 발바닥이나 무두질한 가죽 조각으로 일종의 낙타 신발을 만들어 다리를 저는 낙타의 발바닥에 꿰매주었다는 기록이 나온다. 우리는 낙타몰이꾼 리에게 이 이야기를 했지만 리는 몽골에서는 그런 것은 본 적도, 들은 적도 없다고 했다. 우리는 우선 길을 가면서 고무 타이어 조각이나 가죽 조각을 보이는 대로 주워 모으기 시작했다. 일종의 수술을 준비하는 것이다. 하지만 이것을 어떻게 꿰매야 할지, 수술을 하는 동안 생길지도 모르는 감염을 어떻게 방지할 것인지는 도무지 알 수가 없었다. 그러다가 결국 낙타를 치료하기는커녕 죽이는 건 아닌가 하는 불안한 생각도 들기도 했다.

쉬슬뤼를 땅에 눕히고 발들을 하나로 묶었다. 먼저 우리는 상처 난 발바닥을 약품으로 깨끗이 소독해주었다. 그리고는 가죽 조각을 쉬슬뤼의 발바닥에 직접 꿰매는 대신, 발바닥이 땅에 닿는 부분에 딱 맞게 자른 가죽 조각을 커다란 천에 대고 꿰매서 아주 큰 걸음마를 배우는 아기 신발 같이 만들었다. 우리는 그 신발을 쉬슬뤼의 발에 씌우고 단단히 묶었다. 새로운 낙타 신발을 만들어낸 것이다. 쉬슬뤼의 반응이 궁금했다. 쉬슬뤼는 발을 풀어놓자 먼지를 일으키며 일어나더니 마치 테스트라도 하듯 땅을 몇 번 디뎌보았다. 그리고는 다시 즐거운 듯 다른 낙타들이 풀을 뜯고 있는 곳으로 달려갔다. 이제 쉬슬뤼는 더 이상 고통을 느끼지 않는 것 같았다.

우리가 해냈다!

쉬슬뤼는 새 신발을 좋아하는 듯 보였고, 무랏은 매직펜으로 그 신발 천에 '나이키 (Nike)'라고 썼다. 우리는 쉬슬뤼 같이 환상을 좋아하는 낙타는 유명 브랜드 신발에만 관심이 있을 것이라고 상상해보았다. 우리가 만든 성공적인 신발을 자축하는 즐거운 환호

성이 거대한 사막 구석구석에 메아리쳤으리라. 팩스턴은 수술 전 과정을 비디오에 담았고, 나머지 사람들은 카메라를 가지고 새 신발을 신은 모습을 촬영하기에 바빴다.

우리가 여행을 출발하기 몇 달 전, '내셔널 지오그래픽 협회(National Geographic Society)'의 워싱턴 본부에서 팩스턴에게 대략 우리의 원정에 대해 설명을 하고 있을 때 협회의 원정 담당 편집장이 우리의 말 중간에 끼어들어 낙타의 발은 오랜 여행을 하다보면 닳아 버리기 때문에 그렇게 먼 거리까지는 절대로 여행을 할 수 없을 것이라며 우리의 계획에 찬 물을 끼얹은 일이 있었다. 그 편집장이 지금 여기에 와서 우리가 그 문제를 해결한 이야기를 들으면 어떤 반응을 보일지 궁금했다. 신발은 몇 주 동안 끄떡없이 성능을 발휘했고, 부상을 입은 쉬슬뤼의 발을 치료하기에 충분했다. 우리는 나중에 좀 더 진화된 형태의 신발을 만들어 발에 문제가 생긴 다른 낙타들에게도 사용하곤 했다.

실크로드에서 가장 중요한 정박소들 가운데 하나인 하미에 가까이 이르렀을 때는 마침 수확의 계절이었다. 키가 큰 포플러 나무들은 마치 중앙 아나톨리아의 한 마을을 연상케 했고, 거기서 우리는 여행을 시작한 후 처음으로, 돈을 내지 않고 마을 사람들에게 음식을 대접받았다. 물론 이 사람들은 우리들의 언어와 똑같은 기원을 가진 언어를 사용하는 위구르 사람들이었다. 길을 따라 가다가 첫 포도원 농가에 이르자 위구르 여인들은 우리를 보고 깜짝 놀라며 포도를 한 아름 따다준 적도 있다. 그들은 우리가 누구인지, 어디서 왔는지, 또 어떻게 여기까지 왔는지 전혀 묻지 않았다!

우리는 모두 마음이 편안했고, 나머지 여정은 좀더 낙낙하게 인간적으로 지낼 수 있을 것이라 생각했다. 하지만 우리 일행은 산시성의 그 마을을 결코 잊을 수 없는 이유는 따로 있다. 마을 사람들이 낙타들이 먹은 물 값을 내라고 우리에게 시비를 걸었던 것이다!

하미 박물관에 전시된 미라들을 보고 우리는 모두 깊은 감동을 받았다. 수천 년 전에 묻힌 시신들이었지만 메마른 사막의 기후와 그들을 덮고 있던 건조한 모래로 인해 완벽하게 보존되어 있었다. 금발 머리에 키가 큰 유골들은 말과 전차를 타고 타클라마칸 사막을 호령했던 스키타이인들, 혹은 훈족의 선조들이라고 알려져 있다. 그들은 시안에서 비단을 싣고 카라반을 이루어 로마를 향해 출발했던 사람들이었다. 무려 1500년 전에!

우리는 여러 날을 하미에서 쉬면서 위구르 스타일의 시시 케밥(shish kebab)으로 잔치를 벌였다. 우리는 그 도시를 어슬렁거리면서 아주 재미있는 일을 경험하기도 했다. 그곳의 한 공원 안에는 우리가 어린 시절에 영웅으로 생각했던 사람의 화려한 조각상이 있었다. 11~14세기경에 아나톨리아에서 살았던 것으로 추정되는 철학자이자 현인 나스레틴 호자(Nasreddin Hodja)의 조각상이었다. 호자에 관한 일화와 농담들은 위구르인들 사이에서 입에서 입으로 전해져 내려오고 있다. 중국인에 의해 널리 알려진 나스레틴을 위구르인들은 '에펜디(Efendi)라고 부르는데 이는 중국인들이 나스레틴을 부르는 말인 '아판디(阿凡提 : 위구르어로 '선생'이라는 뜻)'에서 변화된 발음이다. 나스레틴 호자는 중앙아시아 문화에 심대한 영향을 끼친 인물이다. 그의 이름과 그의 면모는 나라마다 각기 다르지만 모든 이야기에서 그는 위압적인 통치자에게 대항한 인물로 나타난다. 위구르와 중국 버전의 이야기에서는 정복자 타메를란(Tamerlane : 절름발이 티무르Timour라는 뜻)에 맞서 싸운 호자는 나오지 않는다. 그 지역에서는 타메를란이 누군지 아는 사람이 전혀 없기 때문이다. 이런 나라들에서는 호자가 다른 악명 높은 통치자들을 대할 때 멋진 위트와 기교를 사용했던 것으로 전해지고 있다. 예를 들면 마오쩌둥 같은 인물!

앞으로 언젠가는 준비를 철저히 갖추고 확고한 의지를 가진 연구자들이 전 세계를 여행하여 호자에 관해서 떠돌고 있는 모든 기록들을 집대성하여 책으로 묶어낼 날이 오지 않을까. 그런 사람들이 있다면 꼭 동투르키스탄과 중국을 잊지 말고 방문해주기를 바라는 마음 간절하다.

투루판 : 사막의 오아시스

투루판은 타클라마칸 사막 북동부에 자리 잡고 있는 오아시스이며, 천산 산맥의 산기슭에 둥지를 틀고 있다. 그곳 땅은 작열하는 태양으로 인해 땅에서 수증기가 올라와 산소의 농도가 높아져 저녁이면 땅이 붉은 색으로 빛난다. 사람들은 그 산을 붉은 빛을 낸다 하여 '화염산'이라고 부른다. 지난 수백 년 동안 카라반들은 타오르는 태양을 피해서 투루판 강둑에서 쉴 곳을 찾았다고 한다.

투루판이라는 역사적 도시는 해발 154m에 위치해 있어서 중국에서는 지대가 가장 낮은 곳이고, 전 세계에서는 이스라엘 사해(Dead Sea)에 이어서 두 번째로 낮은 곳이다.

역사적인 중요성이란 면에서 볼 때 투르판이 자리 잡고 있는 땅은 아주 비옥한 계곡이라서 실크로드를 오가던 카라반들이 머물던 중요한 장소였다. 투루판은 불교 사원들과 위구르 모슬렘들이 오래 전에 만들어놓은 웅장한 그림들로 장식된 동굴들, 고대 도시의 유적들, 수많은 카라반사라이들이 있는 곳이다. 또한 투루판은 이곳 사람들이 이슬람으로 개종하기 전에 위구르 불교 문명의 중심지였던 고창고성(高昌古城)이라는 역사적인 도시의 자리로서 더 중요한 위치를 차지하고 있다. 거리에는 포도나무들이 늘어서 있어 말과 마차가 달리는 주랑을 신선하고 푸르게 장식해 주고 있다. 거리 모퉁이를 돌아설 때면 길에서 연주되는 위구르 음악을 들을 수 있을 것만 같고, 머리가 긴 위구르 소녀들이 많은 포도나무들로 둘러싸인 정원에서 춤을 추고 있을 것만 같다. 고대 문화는 이곳 투루판에서 아주 편안히 잠들어 있었다. 투루판은 우리에게 크게 심호흡하고 마음 편히 머물다 가라고 말하는 듯 했다.

그러나 우리가 투루판에서 묵던 첫날 그 큰 심호흡은 막히고 말았다. 우리 낙타들 가운데 가장 아름다운 녀석, 우리가 '빅 화이트'라고 부르는 낙타가 갑자기 숨을 거두고 말았다. 녀석이 농약을 살포한 포도나무 잎사귀 한 줌을 먹고 중독이 되었던 것이다. 아침에 녀석의 사체가 싸늘하게 땅에 쓰러져 있는 것을 보자 목이 메어왔다.

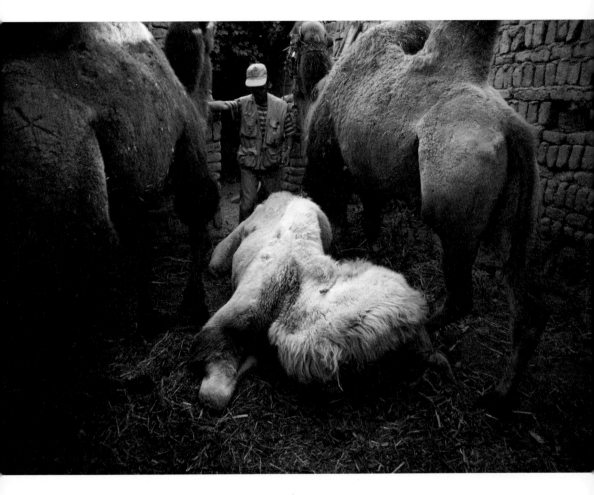

뷔위 베야즈(빅 화이트)가 농약으로
오염된 포도나무 잎을 먹고 바로 그 날 밤에 죽었다.
여행을 출발한 이후로 세 번째 죽음이었다.

투루판에서 세 번째 낙타를 잃다니! 그것도 정말 한심하게 주의를 소홀히 하여 잃어버리다니.

괴즈타쉬(Goztashi : 황산구리)라고 불리는 농약을 뿌린 포도나무 잎사귀들은 우리가 세를 주고 며칠 동안 묵었던 포도원 농가의 마당 한쪽에 쌓여 있었다. 나이가 많은 농장 주인은 그 잎사귀에 독이 있다는 것을 우리에게 알려주지 않았고, 다음날 아침 우리 낙타들 가운데서 가장 튼튼한 녀석이 독으로 오염된 잎사귀를 먹고 쓰러진 것이다.

여행길 내내 '빅 화이트'는 밤에 자신을 묶어둔 밧줄을 아주 독특한 방식으로 풀어냈다. 매일 밤 우리는 낙타들을 튼튼하고 무거운 가방이나 튼튼한 나뭇가지, 나무에 메어 밤에 달아나지 못하도록 했다. 아침이 되면 묶인 것을 풀어주어서 우리가 아침 식사를 하는 동안 낙타들이 마음대로 풀을 뜯을 수 있도록 해주곤 하였다. 그런데 유독 '빅 화이트'만은 우리가 풀어주기 전에 자신을 묶어둔 밧줄을 입으로 씹어 풀고 마음대로 다니는 것을 여러 차례 보았다. 다른 낙타들은 여전히 묶여 있었기 때문에 '빅 화이트'는 멀리 가지 않고 잠들기 전에 밤 시간을 풀을 뜯으면서 지냈다. 우리는 녀석이 '자유를 소중하게 여기는 자유로운 정신을 가진' 낙타라고 생각했고, 그래서 녀석이 그렇게 스스로 푸는 것을 눈감아주고 있었던 것이다. 어쨌거나 '빅 화이트'는 줄을 풀고 달아나서 말썽을 일으키는 법은 없었다. 투루판에서도 우리는 낙타들을 정원에 있는 나무에 매두었지만, '빅 화이트'가 이번에 밧줄을 씹어서 풀고 얻은 것은 자유가 아닌 죽음이었다.

우리는 저마다 자책했지만 한번 엎질러진 물을 다시 주워 담을 수는 없는 일. 낙타몰이꾼 리는 당황하여 다른 낙타들도 독이 묻은 잎사귀를 먹었을지도 모른다고 생각하고 이리저리 뛰어다니며 수의사를 찾았다. 몇 시간 후 수의사는 낙타들에게 먹이라고 갈색 조제약을 주었고, 우리는 낙타들 주둥이에 그 쓰디쓴 약을 사흘 동안이나 쏟아 부어야만

▶ 바으르간이 투루판에서 낙타들이 묵었던
농장의 주인들과 우리가 대화를 나누는 모습을
신기하다는 듯 바라보고 있다.

했다. 나흘 째 되는 날, 낙타들이 먹은 것을 토하고 기뻐서 이리저리 꼬리를 흔드는 걸 보고서야 이제 모든 위험이 사라졌다고 확신하게 되었다. 이 커다란 동물은 각기 자기 자신의 이름을 알고 있었고, 그래서 우리가 이름을 부르면 다가오곤 했다. 녀석들은 또한 사람을 졸라댈 줄도 알아, 우리가 하미과나 수박을 먹을 때면 고개를 우리 쪽으로 내밀고 껍질을 달라고 애걸을 하기도 했다. 또한 기분이 좋을 때면 개처럼 꼬리를 흔들기도 했다. 녀석들은 정말 귀여운 애완동물이었는데, 이제 그 숫자가 아홉에서 일곱으로 줄었으니…… 녀석들은 정말 우리에게는 무엇보다도 소중한 존재들이었다!

낙타들이 건강하다는 것을 확인하고 안심한 우리는 이제 도시를 한번 둘러보기로 했다. 날마다 밤이 되면 우리가 묵고 있던 호텔은 전통적인 위구르 음악에 맞춰 춤을 추는 공연이 열렸다. 일본인 수백 명이 공연을 보기 위해서 몰려들었다. 당나라가 시안(장안長安)을 수도로 삼았던 7세기에는 이런 위구르 춤이 중국 궁전에서 크게 유행하였다. 리듬을 따라서 물결치듯 이어지는 춤, 눈길을 사로잡는 위구르 소녀들의 의상과 보석들은 중국의 귀부인들 사이에서 아주 인기가 높았다. 둔황과 투루판의 동굴에 있는 그림들을 보면 옛날 춤추는 위구르 소녀들은 머리카락을 실제로 1m 정도는 길러서 땋았다. 위구르의 무희들은 음악의 리듬을 따라 돌면서 아주 매혹적인 동작을 연출했을 것이다. 그녀들이 빙빙 돌 때면 구슬과 비단으로 장식한 길게 땋은 머리채가 멋진 바람개비가 돌아가는 것처럼 무희들 주변을 빙글빙글 돈다. 아주 유연하고 부드럽지만 생기발랄한 아주 특별한 춤……

어느 날 저녁 공연이 시작되기 두어 시간 전, 우리는 그녀들이 치장을 하고 있는 마당으로 나가 공연에 앞서 이야기를 나누는 자리를 가질 수 있었다. 그녀들은 독특한 위구르 악센트를 사용했는데, 서로서로를 단장해 주고 있는 모습을 지켜보면서 우리는 그녀

▶▶ 샤허 강 강둑에 있는 우리 캠프 가까운 곳에서 양을 치는 위구르 여인들. 노란 황사가 하늘을 뒤덮고 있다.

들이 살아가는 일상에 대한 이야기를 들을 수 있었다.

이 젊은 여성들은 모두 결혼한 사람들이었고, 자녀도 있었다. 그들은 정식 직업으로 이런 춤을 추었고, 매달 정기적으로 월급을 받았지만 월급은 100달러가 넘지 않았다. 그들이 버는 돈은 그리 넉넉한 편이 아니기 때문에 그들 가운데 많은 사람들은 낮에는 다른 일을 하고 저녁에는 춤을 춘다고 이야기했다. 어떤 사람들은 비단을 짜는 공장에서 일을 하기도 하고, 어떤 사람들은 재봉사로 일을 하고 있었다.

이 평범한 가정주부들이 매혹적인 위구르 무희들로 변해가는 마술과도 같은 과정을 지켜보는 일은 매우 흥미로웠다. 옛 시절 위구르의 무희들도 이런 매력을 가지고 당나라 궁전에서 완전히 새로운 유행을 불러 일으켰으리라. 이제 공연 준비도 끝났고, 무희들도 공연할 채비를 마쳤다. 하지만 왠지 무언가 결정적으로 중요한 것이 빠져 있다는 느낌이 들었다. 그것은 바로 1m에 달하는 긴 머리채!

그녀들은 모두 일터에서 일을 하고 있었고, 그래서 1천 년 전의 무희들처럼 그렇게 긴 머리를 관리할 여가가 없다고 이야기했다. 이 여성들은 반짝이는 검은색 플라스틱 가발을 꺼냈다. 그녀들은 그 많은 머리 가발을 조심스럽게 풀어 자신의 머리 안으로 땋아 넣고 비단 리본으로 이음새를 감췄다. 머리를 다 묶고 나서 자리에서 일어나 빙빙 돌면서 머리가 단단히 묶였는지 확인하는 것도 잊지 않았다. 수천 번도 더 해보았을 그 동작은 너무나 아름다워 평범한 그녀들을 기적처럼 다른 사람들로 바꿔놓았다. 그녀들은 마치 가장 화려했던 실크로드의 전성기로 되돌아가 있는 것만 같았다.

위구르의 무희들은 세계에서 가장 아름다운 무희들이자 가수들이었다. 2천 년이라는 긴 세월 동안 이들의 춤과 노래는 긴 여정에 지칠 대로 지쳐버린 카라반에게 큰 위안이 되었을 것이고, 여행자들에게 행복과 사랑과 살아있다는 기쁨을 가슴 가득 선사했으리라. 오늘에도 그러하듯이……

투루판과 주변에 있는 역사적 보물들을 며칠 더 보아야 할 것 같았다. 이곳 고창고성은 위구르의 옛 수도로 모슬렘 탁발승들과 승려들, 그리고 실크로드 상인들과 위구르 농

부들이 모두 섞여서 어깨를 나란히 하고 이 웅장한 불교 도시를 왕래했을 것이다. 오늘날 남아있는 것은 아스타나 공동묘지(Astana Cemetery)에 수많은 꽃과 새로 장식된 무덤들인데, 이전에 고창고성에서 살았던 거주민들이 잠들어있는 낙원 동산과 같은 곳이다. 이 도시의 북쪽으로는 칭기즈 칸이 완전히 파괴해 버린 교하고성(交河古城)이라는 도시가 있고, 1천 개의 불상이 있는 놀라운 동굴 '베제클리크(Bezeklik)'가 있다. 그 불상들 역시 이름도 없는 모슬렘 탁발승들과 승려 화가들이 그려놓은 프레스코 벽화들이다. 거기에는 또 최근 17세기에 지어진 에민 모스크(Emin Mosque)가 있다. 그것은 셀주크족의 영향을 받아서 노란 돌과 햇볕에 말린 흙벽돌로 만들어졌다.

당시 이 길을 통과했던 카라반들을 상상해본다. 그들은 여기서 어떻게 지냈을까? 수백 년 전의 카라반들은 어떤 방법으로 낙타들을 안전한 장소에 매어두었을까? 비단이나 다른 값나가는 물건들을 어떻게 보관하고, 사원으로 기도를 하러 갔을까? 저녁이 되면 그들은 이곳에서 풍성하게 자라는 포도로 빚은 포도주를 마시며 위구르 소녀들이 춤추는 광경을 지켜보았으리라.

우리는 현재라는 시간의 터널을 뚫고 과거로 거슬러 올라가 시간을 잃어버린 것만 같았다. 투루판 시내를 돌아다니면서 허리에 찬 칼을 꺼낼 필요도 없었고, 값비싼 카메라를 꺼내 들 필요도 없었다. 우리는 나귀가 끄는 마차를 타고 고대의 유적지들을 방문했다. 우리가 맨 먼저 마차를 세운 곳은 베제클리크 동굴이었다. 우리는 1천 년 전에 이곳을 찾았던 모슬렘 탁발승들이 그러했듯이 불상들로 빚어진 신성한 분위기에 이끌려 이곳에 오게 된 것을 만족스럽게 생각하고 있었다. 우리가 라이카 카메라로 고감도 필름을 사용하여 어두운 동굴에서 사진을 찍고 있는데, 갑자기 중국 공안원 한 사람이 다가와 우리를 체포하여 그의 상관에게 데리고 갔다. 이런 일은 아무리 겪어도 익숙해지지가 않는다.

▶▶ 황사 바람이 부는 가운데서 건포도를 줄기에서 떼어내고 있다.
배경에 보이는 건물에 나 있는 많은 구멍들은 포도를 말려
건포도를 만들기 위한 것들이다. 이런 형태의 건물은 오랜 세월을
이어져 내려온 전통에 따라서 지은 것이다. 투루판.

그 중국 공안원은 나를 시장에서 소매치기를 하다가 현장에서 체포된 범인 다루듯 했다. 나는 칼을 꺼내 들고 그에게 조심하라고 경고하며, 나는 장쩌민 국가주석의 특별 손님이라고 고래고래 소리를 질렀다. 우리가 소리를 지르는 광경을 일본인 관광객들이 지켜보고 있었다. 그들은 수줍음 많은 아이들처럼 아주 침착하고 조용히 숨을 죽이고 동굴을 들어오고 나갔다. 당시 우리는 길게 자란 검은 수염에 옷은 더러워져서 행색이 말이 아니었다. 중국인 관리들은 우리가 도대체 어떤 사람들인지 생각해 내려고 골머리를 앓고 있었다. 젊은 경비원이 나를 윽박지르고 있는 동안 우리는 그들에게 국가주석 장쩌민이 데미렐 대통령에게 보내는 친서 복사본을 건넸다. 그들은 우리에게 사진 촬영이 금지되어 있다는 표지판을 보여주고, 촬영을 하려면 돈을 내야 한다고 했다. 도저히 상상할 수 없는 끔찍한 금액! 사진 한 장 당 100달러! 그들은 철창 바깥문을 '철컹' 하고 잠그면서 우리의 필름을 넘겨주기 전에는 나갈 수 없고, 장쩌민 주석의 서신은 이번 사건과는 아무런 관계도 없다고 말했다(이 점에서만은 그들의 이야기가 옳았다). 우리는 라이카 카메라에서 필름을 꺼냈지만 서로 눈짓으로 신호를 보내 촬영한 필름과 새 필름을 바꿔치기하여 건넸고, 그렇게 해서 우리가 촬영한 필름을 건질 수 있었다. 중국은 공식적인 문서가 통하지 않는 나라라는 생각이 들었다. 그들이 인정해 주는 단 한 가지 문서가 있으니 그것은 바로 조지 워싱턴 사진이 인쇄된 달러였다!

에민 모스크는 17세기에 지어진 모슬렘 건축물이다. 돌과 흙벽돌로 된 그 건물은 셀주크와 아프가니스탄의 양식이 혼합되어 있다. 우리가 모스크로 들어서자, 눈곱 낀 중국 소녀 하나가 정원에 있던 작은 막사에서 나와서 날카로운 목소리로 외쳤다.

"표 사세요, 표!"

우리는 긴 수염을 쓰다듬으면서 우리는 모슬렘들이고 모스크에 예배를 드리러 왔다고 이야기하고는 아프가니스탄 전사 같은 행동으로 모스크 안으로 계속 걸어 들어갔다. 표를 파는 소녀가 서툰 영어로 말했다.

"오늘은 금요일이 아니에요! 오늘은 예배드리는 날이 아닙니다!"

우리는 소녀를 완전히 무시하고, 오로지 돈 밖에 모르는 불행하고 가련한 이 새로운 인종을 꾸짖었다.

"우리는 독실한 사람들이요. 우리는 매일 기도합니다. 예배를 드리기 위해 돈을 내지는 않소!"

우리는 '빅 화이트' 뷔읰베야즈를 잃은 충격에서 서서히 벗어나고 있었던 터라 이제 사막에서의 남은 여정에 대한 각오를 새로이 했다. 우리는 그 도시의 북서부에 있는 교하의 강둑을 따라서 있는 옛 도시의 폐허들 근처에 천막을 쳤다. 어느 날 아침 우리가 낙타들에 짐을 싣고 있는데, 또다시 짙은 황사 바람이 불기 시작했다. 안개 자욱한 가랑비 속에서 알아볼 수 있는 것은 강둑을 따라 있는 포도 건조용 오두막집들과 옛 묘비들뿐이었다. 이제 강을 따라서 오랫동안 걸어야 했다. 우리 낙타들이 먹을 풀과 마실 물은 걱정이 없었다.

우리는 2~3일 동안은 너끈히 버틸 수 있는 하미과와 수박, 음식과 맥주까지 챙겨서 떠났다. 우리가 막 출발을 하려고 할 때 부유해 보이는 중년의 서양 남자 한 사람이 밴을 몰고 가다가 우리 옆에 차를 세웠다. 그 옆에는 우아한 여성이 타고 있었다. 그 남자는 라이카와 콘탁스(Contax)를 목에 걸고 있는 것으로 보아 사진가가 분명했다. 그는 자신을 소개했다.

"이안 베리(Ian Berry)라고 합니다."

나는 한 10년 전쯤 그의 책을 산 적이 있었기 때문에 그의 이름을 알고 있었다. 그의 책은 인종 차별에 항거하는 남아프리카공화국의 투쟁을 상세히 기록한 것들이었다. 그 매그넘(Magnum) 사진가는 넬슨 만델라(Nelson Mandela)와 아주 막역한 사이였고, 그의 사진은 전 세계에 남아프리카공화국의 인종 차별적 통치에 대한 관심을 촉발시켰다. 이 사람이 이안 베리라니! 그 전설적인 사진가!

그는 우리를 위구르나 아프가니스탄의 카라반으로 생각하는 것 같았다. 우리의 행색은 남루하기만 했고, 얼핏 본다면 어느 구석 하나 우리가 현대식 원정대라는 알아볼 수 없을 정도였다. 그 사람이 원하는 것은 오직 한 가지 풀을 뜯는 낙타들을 촬영하고 싶다는 것이었다.

　"나는 선생을 알아요! 지난 10년 동안 선생의 작품과 사진을 죽 보아왔습니다. 선생의 책도 가지고 있지요."

　나는 불쑥 이렇게 나 자신을 소개하고 우리의 원정에 대해서 이야기를 시작하면서 다른 동료들을 불렀다.

　"서둘러. 낙타들을 묶고……"

　"염소 가죽 벗기고……"

　"하미과도 잘라!"

　내 말을 듣고 회색 수염을 기른 그 세계적으로 유명한 영국 사진가는 깜짝 놀랐다. 왜 놀라지 않겠는가? 타클라마칸 사막으로 카라반을 이끌고 뛰어든 친구, 수염이 텁수룩하고 행색이 꾀죄죄하기 그지없는 친구가 자신의 사진을 10년 동안이나 보아왔다고 하지 않는가! 그가 하미과를 손으로 들고 과즙을 마시고 있는 동안 우리는 얼굴에는 주름살이 파이고 목에는 라이카 카메라를 메고 있는 이 유명한 사진가가 인류의 역사를 바꿔놓은 사진들을 촬영하면서 세계를 여행할 때 도대체 어떤 일들을 겪었을까 상상해 보았다. 그도 일 때문에 거기에 온 것이었다.

　"이스탄불에서 베이징까지 기차로 갑니다."

　몇 달 동안 지속되었던 그의 여행은 이제 끝나가고 있었다. 우리는 시안에서 출발하여 낙타를 타고 이스탄불로 가고 있었다. 내가 10년 전 그의 사진을 보면서 무슨 생각을 했을까? 내가 우연이라도 이안 베리를 만날 것이라고 어렴풋이나마 짐작이라도 했을까? 나는 속으로 이런 우연한 만남, 이런 놀라운 만남이 우리의 삶을 흥미롭게 만들어준다고 생각했다. 우리는 여러 시간 동안 앉아서 이야기를 나누었고, 그는 우리가 강바닥을 따라 걷는 동안 연신 셔터를 눌러대며 우리가 시야에서 사라질 때까지 손을 흔들어 주었다.

모래 폭풍, 건널 수 없는 산맥,
끝없이 이어지는 스텝 지대 : 카슈가르

세계적으로 유명한 사진가 이안 베리와 손을 흔들면서 투루판과도 작별을 고한 후, 우리는 강 하상을 따라서 며칠 동안 걸은 끝에 다시 노란 스텝 지대를 만나게 되었다. 이제 우리 일행의 얼굴은 사막의 바람과 건조한 기후 때문에 짙은 구릿빛으로 변해 있었다. 우리는 이따금 작은 위구르 마을에서 밤을 지내기도 했다. 마을 사람들은 누구나 우리를 보자마자 경고를 보냈다.

"보란(Boran : 천둥)! 보란!…… 카라 보란(Kara Boran)……"

위구르인들은 모래 폭풍을 '보란'이라고 한다. 이것은 아주 특별한 모래 바람이다. 지나가는 길목에 있는 모든 것을 쓸어가는 바람, 물웅덩이를 완전히 말라 버리게 하는 바람, 오랜 세월 동안 모든 도시들을 모래에 파묻히도록 만든 바람, 수천수만의 사람들에게서 집을 앗아간 바람이다. 그 바람은 사막의 살인자, 끊임없이 사람들을 사막의 가장 먼 끝까지 내몰아 버리는 살인자였다. 간쑤성에서 몇 차례 작은 규모의 모래 바람을 만났던 것을 제외하면 우리는 본격적인 모래 폭풍을 만난 일이 없었다. 위구르 마을 사람들의 경고는 점점 더 잦아졌고, 분명해졌다. 이윽고 진짜 '보란'의 첫 징조들이 나타나기 시작했다. 길 양편에는 이제 새로운 '길'이 나 있었고, 그 길들은 마치 쇠갈퀴를 가지고 잘 다듬어 놓은 것 같았다. 이것은 모래 폭풍이 몇 시간 동안 지나가며 남긴 흔적이었다.

얼마 지나지 않아 우리는 진짜 모래 폭풍을 만나게 되었다. 투루판을 떠난 지 두 주도 채 안 되는 어느 날 아침, 우리는 시끄러운 소리에 잠에서 깼다. 천막 밖으로 고개를 내밀자 우리의 입에서는 비명 소리가 절로 터져 나왔다. 마치 누군가가 회초리를 들고 휘갈기는 것처럼 얼굴이 쓰라렸다. 쌀알만한 돌과 모래 알갱이들이 바람에 실려 거세게 휩쓸려가고 있었고, 바로 10m 앞도 제대로 분간할 수가 없었다. 지난 며칠간 위구르 사람들이 경고했던 것처럼 결국 우리는 모래 폭풍에 갇히게 되었다.

천막 밖에 놓아둔 우리의 물건들은 바람에 이리저리 굴러다니고 있었고, 기온은 갑자기 영하로 떨어졌다. 우리의 낙타들은 이런 정도의 폭풍쯤은 견뎌낼 수 있도록 이미 유전적으로 입력되어 있다는 듯 전혀 성가신 내색도 하지 않고 있었다. 녀석들은 폭풍의 사나움을 피하기 위해 몸을 땅바닥에 납작 엎드리고 있기는 했지만, 그러면서도 태연히 되새김질을 계속하고 있었다. 가까운 마을이나 도시에서는 모든 활동이 정지되고, 사람들은 모두 집에 들어앉아 폭풍이 지나가기만을 기다리고 있을 것이다. 두 겹으로 만든 반구형 천막들은 특별히 강한 바람에 견디도록 설계된 것임에도 불구하고 한 번의 폭풍에 찢어져 버렸다. 천막 지지대는 처음에는 휘어지더니 하나씩 부러져 나가기 시작했고, 천막 안에 있는 물건들은 누군가 밖에서 힘차게 빨아 당기는 듯 쏠려 나갔다. 그래서 우리는 무엇이든 닥치는 대로 배낭에 채워 넣고, 침낭 속으로 기어들어가 폭풍이 지나가기만을 기다렸다. 그러나 잔혹한 일은 이제부터 시작이었다.

기다림! 3시간이 지나고, 5시간이 지나고, 7시간이 지나도 폭풍은 그칠 기미를 보이지 않았다. 우리는 불을 피울 수도 없었고, 먹을 수도 없었다. 우리가 먹을 수 있는 것은 약간의 마른 빵과 건포도, 호두뿐이었다. 뜨거운 물을 부어 먹는 국수도 있었지만 마른 상태로는 삼키기가 어려웠다. 갑자기 마지막 지나온 마을에서 사온 하미과가 생각났다. 천막 바깥에 있는 가방에서 하미과를 꺼내 먹기로 했다. 우리는 밖으로 달려 나가 낙타들은 무사한지, 짐들은 아직도 제자리에 있는지를 확인하고 다시 천막 안으로 달려 돌아왔다. 폭풍이 지나가기를 기다리면서 기나긴 시간 동안 우리가 할 수 있는 일이라고는 딱 한 가지, 옛날의 카라반들이 했던 그 일뿐이었다. 기도하는 일……

폭풍은 시작된 지 약 24시간이 지난 다음날 아침이 되어서야 숨을 죽이기 시작했다. 낯설고 폭력적인 자연 재앙의 여파를 털어버리는 데는 상당히 오랜 시간이 걸렸다. 폭풍이 지나가고 난 아침에 우리는 낙타와 짐 상태를 확인한 다음, 모든 짐을 한 곳에 모아놓고 불을 피워서 편안하게 앉아 커피를 마셨다. 생각해보니 폭풍이 지나가는 동안 가장 괴로웠던 일은 불을 피울 수 없다는 사실이었다. 우리는 모두 가장 기본적인 본능에 쫓기고 있었고, 걷고 있는 동안에도 불안한 마음으로 밤이 오기를 기다렸다. 밤이 되야 불을 피울 수 있을 테니까. 우리는 그 어떤 기후 조건에서라도 불을 피우는 방법을 터득했다. 여행을 하는 동안 불이 목숨을 유지하는데 가장 기본적이고도 필수적인 것이라는 걸 깨달았기 때문이다.

이 여정에서 우리가 하게 된 또 한 가지 빼놓을 수 없는 일이 있었다. 사막에서 저녁을 맞을 때면 초단파 라디오 방송을 듣는 일이었다. 이따금 BBC를 듣기도 하고, 때로는 차이나 라디오 인터내셔널(China Radio International)의 영어 방송이나 터키어 방송을 듣기도 했다. 우리는 터키에 가까이 이르게 되면서 「터키의 소리(Voice of Turkey)」라는 방송에 귀를 기울이고 있었다. 그러나 뉴스 프로그램은 우리에게 아무런 감동도 불러일으키지 못했다. 우리가 간절히 듣고 싶었던 것은 음악과 널리 알려진 명사들의 목소리였다. 어느 날 저녁 전파의 혼선을 뚫고 겨우 듣게 된 뉴스에서 우리의 게스트 차으르(Çağrı)가 큰 소리로 이야기했다.

"제키 뮈렌(Zeki Müren) 사망!"

그날 밤 우리는 모닥불에 둘러앉아 타클라마칸 사막의 정적을 깨뜨리며 우리가 외우고 있는 제키 뮈렌의 모든 노래들을 다 불렀다. 정말 아름다운 사람이자 터키 음악의 대가였던 뮈렌은 수천 킬로미터나 떨어진 지중해의 어느 한 도시에서 세상을 떠났지만, 우리는 그의 노래를 불러 그의 영혼을 향해 인사를 하고, 우리의 사랑과 연민을 표현하였다. 그는 분명 우리가 전하는 소식을 들었을 것이다.

우리는 사막을 여행하는 일에 점점 더 익숙해져 가고 있었다. 때로는 푸른 기색이라고는 전혀 찾아볼 수 없는 검은 산들을 지나기도 했고, 또 어떤 때는 온갖 식물과 가시나무 꽃들이 만발하여 생동감이 넘치는 초원 지대를 만나기도 했으며, 때로는 노란 모래가 이어지는 길을 걷기도 했다. 우리는 먼저 쿠얼라(庫爾勒)에 도착했고, 그 다음으로는 쿠처, 그 다음으로는 완전히 기진맥진한 상태에서 아커쑤에 이르렀다. 이윽고 마지막으로 실크로드의 전설적인 도시 카슈가르에 도착했다.

카슈가르!

서기 150년에 알렉산드리아의 지리학자 프톨레마이오스는 카슈가르를 '아주 오랜 옛날부터 도시였던 곳(a city from the old ages)'이라고 표현했다. 그가 말하는 '아주 오랜 옛날(the old ages)'은 아마도 카슈가르와 같은 도시를 묘사하기에 가장 적절한 서술적 묘사일 것이다. 카슈가르의 웅장한 관문은 역사의 깊은 심연과 이어져 있지 않은가. 또한 우리가 카슈가르에 대해서 가장 감격스럽게 생각하는 것은 그 전설적인 도시가 우리가 계획한 1년 반의 여정에서 반환점이라는 사실 때문이었다. 무엇보다도 카슈가르는 중국에서의 우리의 마지막 정박지였다!

카슈가르를 지나면 우리는 여러 터키계 공화국들로 들어가게 된다. 겨우 한 해 전에 구소련으로부터 독립한 땅들이다. 곧 우리는 키르기스스탄(Kyrgyzstan), 우즈베키스탄 (Uzbekistan), 투르크메니스탄(Turkmenistan) 등을 통과하게 될 것이고, 나머지 여정은 쉬울 것이다. 우리 이웃나라 이란을 지나면 우리의 조국 터키가 아닌가! 길은 갈수록 더 어려워졌지만, 우리에게 가장 큰 위안이 되는 것은 딱 하나. 우리가 매일 터키와 30km씩 가까워지고 있다는 사실이었다.

카슈가르에서는 여러 날 동안 옛 불교 문화가 남긴 사원과 동굴 사원들, 도시 외곽에 위치한 막이불탑(莫爾佛塔), 인접한 도시들, 특히 오팔(Opal)이라는 도시 등지를 돌아다니느라 분주했다. 우리는 묘비명이 최초로 터키어로 기록된 것으로 유명한 '카슈가르의 마흐무드(Mahmud of Kashgar)'의 묘지와 중앙아시아 이슬람 건축 가운데서 가장 독특한 것으로 알려지고 있는 '아박 호드자의 무덤(Tomb of Abak Hodja)'을 찾았다. 우리가 카슈가르에서 방문한 유적지들 가운데 가장 흥미로웠던 곳은 마치 영화 세트 같은 분위기의 이국적인 시장이었다.

우리는 이 웅장한 도시에서 몇 주간을 머무르기로 계획하고 편안하게 묵을 수 있는

▶ 위구르 의사가 전통적인 약품으로 치료하는 장면.
약품들은 동물과 곤충 말린 것들과 식물이나 나무뿌리 말린 것 등이다.

곳을 찾았다. 알다시피 우리는 타클라마칸 사막의 먼지와 피로를 모두 씻어낼 필요가 있었다. 그러나 편리한 숙소를 찾다보니 선택의 여지는 그리 많지 않았다. 두 개의 호텔 가운데서 하나를 골라야 했는데, 그 두 곳 모두 예전에 영사관으로 사용되던 건물들이었다. 하나는 러시아 영사관 자리였고, 다른 하나는 영국 영사관 자리였다. 두 건물은 한 세기 전에 대국 세 나라가 중앙아시아를 차지하기 위해서 얼마나 치열하게 투쟁을 벌였으며, 또 그런 투쟁 과정에 얼마나 많은 음모와 계략들이 얽혀 있었겠는가를 말해주는 것만 같았다. 우리는 이전 러시아 영사관이었던 서만 호텔(色滿賓館)에 묵기로 했다. 이전 영국 영사관 건물은 '차이니즈 바인야드(Chinese Vineyard : 중국 포도원)'라고 불렸는데, 그곳은 파키스탄 사업가들이 좋아하는 곳이었다. 나는 10년 전에 카슈가르를 처음으로 방문했을 때 그 호텔에서 묵었었다. 당시 파키스탄 상인들은 모두 자신들의 객실에서 등유 조리 기구를 가지고 향이 지독한 요리를 직접 만들어 먹었던 기억이 난다.

우리는 짐도 많았고, 또 터키에서 찾아오는 방문객들도 있으리라 생각했기 때문에 침대가 10개 있는 스위트룸을 예약했다(침대 10개 = 100위안, 즉 15달러 정도). 처음 이틀은 쉬면서 차를 마시고, 네잣이 매일 사오는 소금을 넣어서 볶은 해바라기 씨를 우적우적 씹어 먹었다(팩스턴은 이런 버릇을 몹시 싫어했지만, 우리는 그가 어떻게 매일 막대 초콜릿을 10개씩이나 먹어치우는지 도저히 이해할 수가 없었다. 이것이 바로 그들이 말하는 '문화적 차이'일 것이다).

이번 정박지에서 발견한 것들 가운데 가장 마음에 들었던 것은 파키스탄 식당이었다. 몇 달 동안을 매일같이 국수만 먹었던 우리들에게 파키스탄 식당에서의 식사는 정말 호화스러웠다. 우리는 향신료가 들어간 고기 요리와 파키스탄 빵 차파티(Chapaties)를 곁들여 먹기도 하고, 파키스탄식으로 카다몸(cardamom : 생강) 향을 첨가한 차에 우유를 넣어서 마셨다. 여기서 우리는 샤쉴륵(shashlik)을 맛보게 되었다. 샤쉴륵은 마늘 소스에 담근 숯불구이 케밥으로 건포도향이 들어간 쌀로 만든 필래프(pilaf)와 함께 나왔고, 거기에 후식으로 아이스크림까지 나왔다. 우리는 마르코 폴로가 아이스크림을 만드는 비법을 중앙아시아에서 배워서 이탈리아에 전해 주었다는 이론을 전적으로 인정하기로 했다. 마르코 폴로는 아이스크림을 파스타와 함께 먹었을 것이다.

저널리스트 조시쿤 아랄(Coskun Aral)과 그의 카메라 팀이 터키에서 오기를 기다리는 동안 우리는 충분히 휴식을 취했고, 이제는 이국적이고도 생동감이 넘치는 카슈가르의 거리, 사진가들의 낙원에 파묻힐 차례였다. 길에서 만나는 사람은 누구나 잡지의 커버 스토리에 실릴 정도의 인물 사진이 될 만한 사람들이었다. 특히 우리는 매일 저녁 이곳의 중심가 광장에 있는 이드 카 모스크(Id kah Mosque) 앞에 모여드는 군중들을 보면서 넋을 잃었다. 노란 사막의 빛으로 물든 모든 사람들은 각기 다른 종류의 모자를 쓰고 있는 것 같았다. 이리 가죽과 어린 양가죽으로 만든 모자, 아스트라한 칼팍 모자(astrakhan kalpak cap : 러시아 남동부 아스트라한 지방의 새끼 양의 검은 가죽 모자), 부드러운 여우 털로 만든 모자, 그리고 토끼 털로 만든 여자들이 쓰는 부드러운 베레모, 겨울이 되면 누구나 입는 새끼 양의 털로 만든 길고 무거운 코트, 모피, 가죽 부츠, 네모난 위구르 모자, 신앙이 독실한 여성들을 완전히 감싸고 있는 갈색 베일들, 젊은 여성들이 쓰고 있는 분홍빛 그물 망사들과 부드러운 스카프들……

마르코 폴로가 경험했던 것과 정확하게 똑같이 수염을 기른 원시적인 얼굴들이 우리를 다소 의심스러운 눈초리로 바라보았고, 또 도시로 밀려들어온 호기심 많은 얼굴들, 촌사람들, 카라반 몰이꾼들, 양치기들, 그리고 상인들이 우리를 노골적으로 호기심 어린 눈빛을 드러내며 쳐다보았다. 카슈가르에서는 실크로드의 전성기 이래로 그 도시를 지나다니는 사람들의 흐름이 끊이지 않고 이어지고 있다. 그 도시에는 타슈쿠르간(Tashkurgan)에서 온 타지크족(Tadjiks), 인접한 마을과 도시들에서 온 카자크족(Kazaks), 파키스탄 사람들, 아프간 사람들, 러시아 행상들, 모슬렘 중국계 회족, 둔간족(Dungan), 숫자가 점점 늘어나고 있는 중국의 한족, 그리고 물론 우리들처럼 어리둥절해 하고 지쳐 있는 여행자들도 있었다.

서만 호텔에서 가장 좋은 시간은 밤 10시였다. 그때는 우리가 이스탄불에 있는 친구나 가족, 여자들에게 전화를 걸 수 있는 시간이었다. 첫날에 우리는 먼저 전화를 걸어 이곳 전화번호를 알려주었다. 다음날부터는 바로 그 시간에 이스탄불에서 전화가 걸려오기를 기다렸다. 물론 기다리는 시간에는 체스도 두고, 해바라기 씨를 먹거나 차를 마시기도 했다. 시간이 갈수록 가슴이 뛰었다. 프런트 데스크에서 전화벨이 울릴 때마다 거기서 일하는 중국 소녀는 우리 쪽을 향해서 소리를 질렀다.

"투에르 치이(Tuerrr chii)."

우리는 누구한테 걸려온 전화인지 몹시 궁금했다.

"이건 분명히 네잣의 어머니 전화일거야. 아냐, 무랏의 누이일거야. 아니 내 딸인가? 아냐, 아냐, 차으르가 분명해."

우리의 친구 차으르는 보스포루스 대학(Bosphorus University)에서 가장 어려운 일을 도맡아서 하고 있었다. 그는 우리 프로젝트에 책임을 지고 있는 이스탄불 본부의 멤버였다. 그는 우리의 주요 정박지마다 매번 커다란 배낭에 돈과 필름, 비디오테이프와 아스피린, 비타민이나 항생제, 모직 양말, 향신료가 들어간 터키 소시지와 육포, 그리고 우리가 너무나 좋아하는 필터가 없는 팔말(Pall Malls) 담배, 그리고 질 좋은 위스키 두어 병, 라크(rakı) 술, 그리고 이스탄불에서 가져온 따끈따끈한 소식들, 이 모든 것들을 싸들고 우리를 찾아온다. 그는 며칠을 우리와 함께 지내다가 촬영이 끝난 필름과 비디오테이프, 그리고 우리가 다음 정박지에서 필요한 물건 목록을 가지고 돌아갔다. 칼레 회사 본부에서 나온 아시예 보두르(Asiye Bodur)와 오야 베릭(Oya Berik)은 우리가 요구하는 모든 것을 조달하기 위해, 그리고 많은 문제들을 해결해 주기 위해 최소한 우리가 걸은 만큼의 거리는 돌아다녔을 것이다.

어느 날 저녁 우리의 몽골인 낙타몰이꾼 리를 찾는 전화가 걸려왔다. 돌로 깎아놓은 것 같은 얼굴에 늘 활달하고 천진한 표정으로 돌아다니던 그가 큰 목소리로 몽골어를 재잘거렸다. 우리가 그에게 달려가자 그는 기뻐서 어쩔 줄 모르며 수화기를 우리에게 건네주었다. 7개월 전에 몽골을 떠나올 때 안겨 있던 갓난아이가 이제 말을 하고 있었다.

실크로드의 마지막 카라반

"아빠 올 거야."

이제 막 말을 하기 시작한 아이의 첫 마디가 거대한 사막에서 잊혀졌던 아버지에게 전화를 걸어 집에 오라는 이야기였으니! 그 친구의 모습을 보면서 우리는 눈물이 핑 돌았다. 그렇게 많은 시간이 어떻게 지나갔던가? 우리는 또 얼마나 가까워졌는가? 딱 1주일만 있으면 우리는 국경에 이르게 될 것이고, 그러면 우리의 중국인 가이드 광용과 몽골인 낙타몰이꾼 리는 집으로 돌아갈 것이다. 거기서부터는 낙타몰이꾼 없이 우리가 직접 낙타들을 이끌고 키르기스스탄으로 들어갈 것이다.

조시쿤 아랄은 우리에게 전화를 걸어서 그가 중국 광둥성에 들어가는 허가를 받지 못했다고 말했다. 당시 홍콩이 중국으로 반환되기 전이었기 때문에 그가 홍콩에서 가지고 온 전문가용 비디오카메라가 문제가 되었던 것이다. 방법이 없었다. 결국 조시쿤과 그의 동료 카메라맨 파티흐 칸디르(Fatih Kandır)는 아마추어용 카메라만 들고 중국으로 들어왔고, 다른 동료인 네빈 숭구르(Nevin Sungur)는 베타캄(Betacam : 일본 소니사에서 개발한 ENG용 카메라)을 들고 홍콩으로 되돌아갔다. 네빈에 관한 일은 안 되었지만, 우리는 우리의 친구 조시쿤 아랄과 만날 수 있다는 것이 기쁘기만 했다. 조시쿤은 사진 저널리스트로서도 아주 능숙한 전문가였을 뿐만 아니라 새로 시작한 다큐멘터리 영화 제작에서도 꽤 잘 나가고 있었다.

우리는 그들에게 카슈가르 시내를 구경시켜 주면서 한편으로는 마지막 준비를 하고 있었다. 우리가 키르기스스탄 국경으로 막 넘어갈 때 터키에서 온 한 무리의 저널리스트들과 TV 방송 팀을 만났다. 그 일행 중에는 개인적으로 친한 친구 몇 명도 끼어 있었다.

조시쿤이 카슈가르에 있을 동안 우리는 위구르의 한 지식인과 아주 특별한 인터뷰를 했다. 우리의 주인공은 초라한 자신의 흙벽돌집에서 우리를 따뜻하게 맞아주었다. 수인사를 나누고 1층으로 안내를 받아 아주 맛있는 고기 필래프로 점심 식사를 했다. 식사 후에 우리는 위층으로 올라갔다. 깜짝 놀랄만한 일이 우리를 기다리고 있었다.

집의 2층은 일종의 도서관이었다. 벽에는 톨스토이, 도스토옙스키, 발자크 같은 세

계적인 대문호들의 사진들이 나란히 걸려 있었다. 거기에는 케말 아타튀르크(Kemal Atatürk)의 사진, 술탄 압둘하미드(Sultan Abdulhamid)의 사진, 이스탄불 전경을 담은 사진도 있었다. 서가에는 아지즈 네신(Aziz Nesin), 야샤르 케말(Yaşar Kemal), 사바하띤 알리(Sabahaddin Ali) 등의 위구르어 번역본들도 구비되어 있었다. 위구르인들은 50년 동안이나 독립을 위해서 싸워왔다. 이제는 그들은 이슬람교의 성전(聖戰)과도 같은 전쟁 속에서 모슬렘 국가들, 특히 사우디아라비아의 지지를 희망하고 있었다. 반면 모슬렘 국가들 중에서도 우두머리격인 이란은 중국과의 석유 및 무기 거래로 중국의 온전한 지지를 얻고 있고, 때문에 위구르 민족주의 중심지에 코란 경전이나 보내주는 것으로 만족해야만 했다.

이른 아침 낙타에 짐을 싣고 키르기스스탄 국경으로 떠나기에 앞서 우리는 낙타들을 끌고 마지막으로 이 웅장하면서도 우울한 도시를 구경시켜 주었다. 우리는 먼저 이 유서 깊은 시장을 지나서 중국에서 가장 큰 조각상 앞에 이르렀다. 마오쩌둥이 그 유명한 모자를 쓰고 있는 시멘트로 만든 조각상이었다. 우리는 이제 키르기스스탄을 향하여 발걸음을 옮긴다. 북서쪽으로, 북서쪽으로……

▶▶ 카슈가르 외곽 지역에서 사막 인공조림사업에 참여한
팔이 하나 밖에 없는 위구르인.

중국문화의 영향을 받은 위구르 소녀들은 아주 현대적인 의상을 입고 있고,
신앙이 독실한 위구르 여인들은 갈색 베일로 얼굴을 가리고 있다.

호탄에 있는 한 전통적인 공장에서
실크를 만들기 위해서 누에고치를 가마솥에 삶고 있다.

키르기스스탄
Kyrgyzstan

Kyrgyzstan

중국과 키르기스스탄의 경계를 이루고 있는 해발 4000m 고지의 토루가르트 관문(Torugart Pass). 북쪽으로 이동하면서 기온이 갑자기 떨어졌다. 우리는 서둘러 양가죽 옷을 꺼내 두르고 모직 바지를 입었다. 며칠 전 카슈가르에서 산 것들이었다. 카슈가르 시장에서 산 이리와 여우 모피로 만든 모자는 우리 옷과 아주 잘 어울렸다. 우리와 동행했던 조시쿤 아랄과 카메라맨 파티흐 칸드르는 국경까지 우리를 배웅해 주었다. 교교한 달빛 아래서 천막을 치고, 양가죽을 두른 채 급한 대로 대충 모닥불을 피웠다. 조시쿤이 이스탄불에서 가져다준 라크를 마시며 우리는 환상적인 밤의 풍경을 만끽했다.

다음날 아침 우리는 서로서로 작별의 포옹을 나누었다. 그들은 홍콩을 거쳐 이스탄불로 돌아가고, 우리는 중국과 키르기스스탄의 경계 지역을 향해 이동해야 했다. 그 시점부터 적어도 나흘 동안은 '사람이 없는 땅(no man's land)'을 걸어야 한다. 중국인 가이드 팡용과 몽골인 낙타몰이꾼 리는 여권이 없었기 때문에 그 지역에 들어갈 수 없었다. 중국 세관 관리들은 우리가 서로를 끌어안고, 또 끌어안으며 작별 인사를 하는 것을 보고는 놀라는 기색이 역력했다.

역사적인 실크로드를 따라서 천산 산맥의 최정상 봉우리에 있는 그 거대한 관문은 거대한 로마의 아치와 비슷해 그곳을 지나는 사람들에게 중국과 고대 로마라는 두 국가의 웅장했던 옛 시절을 돌이키게 한다. 총탄 자국들이 나 있는 오늘의 관문은 마치 사격 연습장의 목표물 같았다. 또한 군데군데 허물어져 있어 마치 20세기의 사건들을 말해주는 기념물처럼 보였다.

우리는 지난 7개월 동안 끊임없이 따라다니는 금지 사항과 '분실 사건'에 시달려왔다. 하지만 이제 우리의 여정 중 중국 구간은 끝났다. 우리는 자유를 방해하는 모든 것들이 끝났다는 기쁨에 환호성을 지르며 아치를 향해 당당하게 걸어서 산의 반대편을 향해 내려가기 시작했다. 내리막길을 막 걷기 시작했을 때 아래쪽으로 세관 건물과 얼어붙은 나린 강(Naryn River)이 한눈에 들어왔다.

초소에서 군인 두 사람이 나와 우리에게 정지하라는 신호를 보냈다. 나는 우리 대원들의 여권을 들고 천천히 그들에게 다가갔고, 그 군인들 가운데 한 사람이 러시아인이라는 것을 알게 되었다. 그는 자동소총으로 무장하고 있었고, 도저히 믿을 수 없는 일이지만 그 총은 우리를 겨냥하고 있었다. 그는 우리에게 정지하라고 소리를 질렀지만 그의 목소리는 추운 날씨로 곧 움츠러들었다. 무슨 일이 일어나려는 걸까?

'저자들이 우리를 쏘려는 것일까?'

양가죽으로 몸을 감싼 우리 일행이 걸음을 멈추자 그들은 우리를 향해 다가왔다. 가까이서 보니 그들은 낡아서 헤진 녹색 군복을 입고 추위에 떨고 있는 초라해 보이는 금발머리 러시아 군인들이었다. 여권을 넘겨주자 그들은 한참을 살펴보았다. 팩스턴의 여권을 검사할 때 우리는 비명을 지르지 않을 수 없었다. 환호의 비명!

"아, 이 친구 미국인이잖아!"

극심했던 불안감이 금세 봄눈 녹듯 사라지는 것 같았다. 그렇다, 내 사랑하는 동족 러시아 군인이여, 우리는 미국인 친구와 함께 있다. 그들은 우리를 통과시켜 주었다. 그러나 실질적인 통관 절차가 저 아래 세관 건물에서 기다리고 있었다. 우리는 이스탄불에서 온 사람들이 최소한 30명은 거기서 우리를 기다리고 있으리라는 걸 알고 있었다. 냉전이 끝난 지금 이미 구식 행정 체계는 무너지고 있었지만 50여 년 동안 지속되어 왔던 이 체제가 거주민들을 얼마나 황폐하게 만들어 놓았는가를 보면서 우울한 마음 금할 길이 없었다. 하지만 진실을 이야기하지 않을 수 있겠는가. 우리의 마음은 이윽고 사랑하는 사람들과 다시 하나가 되었고, 우리는 다시 발걸음을 재촉했다.

키르기스스탄과 러시아 관리들이 우리를 알아보았다. 그들은 수도 비슈케크 (Bishkek)에 있는 키르기스스탄 정부로부터 무언가 언질을 받았던 것이 분명했다. 또한 우리를 지원하는 팀이 분명히 미리 조치를 취해두었을 것이다. 우리는 쉴레이만 데미렐 대통령이 그들의 대통령 아스카르 아카예프(Askar Akayev)에게 보내는 친서를 전달하도록 되어 있었기 때문이다. 우리는 커다란 방으로 안내를 받았다. 공식적인 절차를 서둘러 마치고 우리는 아는 얼굴을 찾으려고 두리번거렸으나 낯익은 얼굴은 아무도 없었다! 카슈가르에서 이스탄불에 전화를 걸어 미리 약속해 놓은 날짜와 시간이었다. 우리가 이틀이나 늦게 왔음에도 불구하고 그들 역시 아직 도착하지 않은 것이다. 일단 그들에게 전화를 걸어보는 수밖에 달리 방법이 없었다.

모스크바와 미국이 우주 개발 경쟁을 하고 있기 때문인지 관리들은 관문과 가까운 도시를 연결하는 일에 전혀 신경을 쓰지 않았다. 우리는 하는 수 없이 나린 강 강둑을 따라서 가야했다. 우리는 터키 대사관에 전화를 걸어 사태를 알리기 위해 나린 도심까지 택시를 타고 갔다. 그러나 곧 이 나라의 통신 문제가 심각하다는 것을 깨달았고, 1시간 만에 결국 나린에서는 터키에 전화를 할 수 없다는 사실을 알게 되었다. 3시간이 지나서야 겨우 우리는 이 도시에 하나 밖에 없는 호텔에 도착할 수 있었다.

"예, 예. 터키 저널리스트들입니다. 그들은 지금 나린으로 오는 길이고, 비행기로 오고 있습니다!"

나는 서둘러 공항으로 달려 나갔다. 공항이라고 해봐야 계딱지만한 크기였다. 그 공항은 프로펠러 엔진 비행기를 위한 것으로, 사람은 전혀 보이지 않았다. 나는 결국 관제탑에서 관리 한 사람을 발견하고 그에게 다가가 기를 쓰면서 이야기를 나누어보려고 했다.

"비행기 한 대가 오고 있어요. 그렇지 않습니까? 비슈케크에서요? 터키인들이 타고 있어요. 터키 저널리스트들입니다."

그 사람은 내가 하는 말을 한 마디도 알아듣지 못 하겠다는 듯 손사래를 쳤다.

"이런, 무슨 일이지? 사고 나지 않기를 기도나 해야겠군!"

관리는 자신의 언어로 이렇게 말했다.

"오늘은 비행기가 없어요. 비르톨렛(virtolet)만 한 대 있어요."

'비르톨렛?'

나는 종이에 헬리콥터 같이 생긴 것을 그렸다.

그가 소리쳤다.

"맞아요. 비르톨렛."

그러더니 그는 눈이 덮인 천산 산맥 봉우리를 가리켰다.

"비르톨렛. 여기는 아니고, 국경에 있어요!"

그는 천산 산맥 방향을 가리켰고, 눈을 들어보니 헬리콥터 한 대가 내가 막 떠나온 방향으로 가고 있었다. 3시간 동안을 터덜거리면서 흙먼지 길을 달려왔는데…… 비감한 생각이 들었다. 저건 분명 이스탄불에서 온 사람들! 못 만나면 어쩐다지?

나는 나를 호텔로 태워다주려고 기다리고 있는 택시에 올라타고는 마치 할리우드 영화의 한 장면처럼 운전사에게 소리쳤다.

"저 헬리콥터를 따라가요!"

"더 빨리요, 더 빨리."

내 마음은 이미 헬리콥터에 가 있었고, 따라잡기도 전에 떠나버릴까 초조하기만 했다. 우리는 축하 파티를 계획하고 있었다. 하지만 어떻게 파티를 한다지? 나는 외곽 지역에 있는 한 클럽 근처에서 택시를 세우고 러시아 담배 한 보루와 보드카 카라 발타(Kara Balta) 한 병을 큰 것으로 샀다. 나는 더 이상 초조함을 견딜 수가 없어, 일이야 될 대로 되겠지 하는 마음으로 뒤로 기대앉아 담배에 불을 붙였다. 나는 지금 낡아빠진 택시를 타고 갖가지 노란빛들로 물든 숨 막힐 듯 아름다운 전원의 풍광을 헤치며 달려가고 있고, 나를 기다리고 있는 낙타 카라반은 천산 산맥 기슭 어딘가에서 뛰놀고 있는 야생마들이 점점이 수놓고 있는 평원에 있다. 지금 나는 헬리콥터와 경쟁을 하고 있지 않은가. 나는 담배 연기를 뿜어대며 보드카 병뚜껑을 열었다. 나는 운전사의 얼굴에 능글맞은 미소가 피어

오르는 것도 본척만척한 채 술을 마시기 시작했다. 비포장도로를 덜컹거리며 달리는 자동차 안에서는 보드카를 능숙하게 마시기가 어렵다는 사실은 전혀 아랑곳하지 않았다.

토루가르트에 있는 국경 근처 천산 산맥 기슭은 막 내리기 시작한 첫눈으로 하얗게 덮여 있었다. 마침내 나린 강에 가까이 이르렀다. 몇 시간 전부터 술을 마시기 시작해서 이제 반병 쯤 마시고 났는데 운전사가 나에게 무슨 말을 하려고 했다.

"비르톨렛!"

나는 나의 눈을 믿을 수 없었다. 그것은 거대한 군용 헬리콥터로 베트남전 영화에서 보았던 것과 비슷했고, 길에서 겨우 3~5m 위로 날면서 우리를 향해서 다가오고 있었다. 나는 택시를 세우고 문을 열고 뛰어나가 위를 향해 손을 흔들었다. 그들이 나를 몰라볼 리 없었다. 사실은 나를 찾고 있었던 것이다.

헬리콥터는 길가 마른 목초지에 착륙했고, 헬리콥터 창으로 낯익은 얼굴들이 금세 눈에 들어왔다. 내가 비틀거리는 것을 보니 보드카를 반병쯤 마신 게 분명했다. 헬리콥터 날개가 일으키는 바람으로 내 모피 모자는 날아가고, 무거운 양가죽 외투의 무게 때문에 나는 더러운 길에 나동그라졌다. 기다시피 모자를 주우러 가면서 문득 이런 생각이 들었다. 적어도 비디오카메라 네 대가 내 이런 모습을 지금 촬영하고 있겠지. 몇 시간이 지나서야 나는 겨우 정신이 들어 내가 누구와 포옹을 하고 누구와 인사를 나누었는지 생각이 났다. 아시예 보두르와 오야 베릭이 헬리콥터의 소음을 뚫고 소리를 지르면서 헬리콥터 비행사에게 캠프에 데려다 달라고 부탁했다. 캠프에서는 셈라가 나를 기다리고 있었다. 셈라는 나의 '중요한 반쪽'이고, 우리가 마지막으로 얼굴을 본 것은 일곱 달 전 서안에서 여행을 출발하던 바로 그때였다.

"일곱 달! 신이여 감사합니다. 그녀가 여기에 오다니!"

▶▶ 소련 통치기간에 모든 마을 동리마다 세워진 공산당 건물.
이제 낙타 카라반들의 숙소로 사용된다.

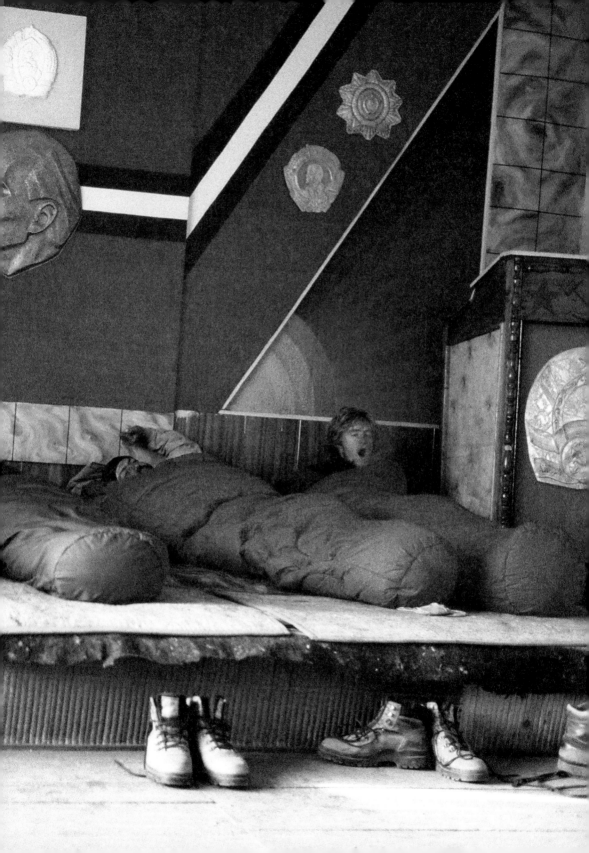

헬리콥터는 국경을 향하여 기수를 돌렸고, 단 몇 분 만에 우리의 낙타들이 이 놀라운 광경을 지켜보는 가운데 호수 가장자리의 우리 캠프 옆에 바로 착륙했다. 칼레 회사에서 나온 오스만 베이(Osman Bey)가 뛰어와 우리에게 경고했다.

"서둘러요, 곧 떠나야 합니다. 폭풍이 몰려오고 있어요."

실제로 하늘이 갑자기 시커멓게 변하기 시작했고, 우리 여행길에서 처음으로 눈을 만나게 되었다. 셈라가 헬리콥터로 달려왔고, 우리는 곧 출발했다. 내가 나린 시내에서 산 보드카를 마시고 있는 동안 우리의 방문객들은 헬리콥터로 국경에 도착했고, 국경 수비대는 우리가 캠프를 마련한 장소를 그들에게 일러주었다. 그들은 헬리콥터를 타고 우리를 찾다가 아래에서 우리 캠프를 발견한 것이다. 차르와 칼레 홀딩사에서 나온 아시예 보두르, 오야 베릭이 헬리콥터에 실려 있는 공급물자 상자들을 우리 캠프로 운반하는 동안 신문과 텔레비전 방송사 대표단은 네잣, 무랏, 팩스턴과 간단한 인터뷰를 마치고 우리 낙타들을 여러 앵글로 촬영했다.

오늘은 우리가 키르기스스탄 정부 관리들을 만나기로 계획되어 있었다. 나는 데미렐 대통령이 가죽에 친필로 쓴 서한을 키르기스스탄의 지도자 아스카르 아카예프에게 전달하기로 되어 있었다. 그래서 그들은 나를 헬리콥터에 태우고 출발하기로 결정했던 것이다. 나는 셈라와 포옹을 나누느라 정신이 없었고, 우리를 바라보는 사람들은 북받치는 눈물을 애써 참고 있었다. 보드카 병이 손에서 손으로 전달되고 있는 동안, 우리를 실은 헬리콥터는 천산 산맥을 뒤로 하고 비슈케크로 날기 시작했다. 러시아 군용 헬기였던 그 헬리콥터는 마치 날아다니는 관처럼 보였다. 앞서 반병이나 마신 보드카 덕분에 나는 거나하게 술이 취했고, 우리가 비슈케크로 가는 길에 모든 사람이 일어나 칼링카(Kalinka) 춤을 추던 장면이 어렴풋이 기억이 난다. 이틀 후 우리의 스폰서와 기자단에게 작별을 고하고 셈라와 나는 다시 택시를 타고 카라반이 있는 캠프로 돌아왔다.

나는 셈라가 하는 말을 도저히 믿을 수가 없었다. 그들은 나를 호텔로 끌고 들어가 커피 세 잔을 내 목에 들이부었다고 한다. 그것만이 아니었다. 그 다음에 나를 욕조에 집

실크로드의 마지막 카라반

어넣고 내 온몸을 마사지 해주었고, 그렇게 했는데도 술이 깨지 않아 하는 수 없이 술이 덜 깬 그대로 나를 키르기스스탄 대통령궁으로 데리고 가야했다고 한다. 셈라에 따르면 그때부터는 모든 일이 순조롭게 진행되었다고 한다. 키르기스스탄 대통령은 당시 모스크바에 있었기 때문에 나는 우리 대통령의 친서를 그의 개인 비서에게 전달했다. 나는 연설도 했지만 다른 사람들은 잘 알아들을 수 없는 연설이었다고 했다. 이스탄불에서 온 기자들은 내가 키르기스 방언으로 연설을 한다고 생각했고, 셈라는 내가 실제로 위구르 터키어로 이야기하고 있다고 생각했다는 것이다. 하지만 아무도 키르기스 방언과 위구르 터키어의 차이를 알지 못했기 때문에 실제로는 아무런 문제가 되지 않았다. 나는 그날 밤 기자단과 만찬을 나누면서 그동안의 일화들을 이야기했고, 그 자리에 있던 모든 사람들이 폭소를 터뜨렸던 것으로 생각된다.

이 모든 소동의 주범은 카라 발타 보드카 반병이었지만, 내 기억으로는 내가 아주 곤경에 처했었던 것 같다. 나는 이런저런 키르기스스탄의 관리들과 포옹을 나누었던 것이 겨우 생각나는 정도로, 낙타 침의 악취가 밴 더러운 냄새가 진동하는 양가죽 옷을 입고 있어서 그런저런 일들을 해명하려고 애를 썼던 것 같다. 나는 그날 밤 일을 기억해내려고 애를 써보았지만, 확실하게 생각나는 것은 아무것도 없다.

그 다음 며칠은 마치 서정적인 노래에 나오는 가사처럼 흘러갔다. 우리는 그칠 줄 모르고 퍼붓는 폭설을 뚫고 나린을 향해 움직였다. 어떤 날은 중국에서 생가죽을 실어 나르는 트럭 운전사들이 사용하는 짐칸에서 밤을 지내기도 했고, 또 어떤 날은 키르기스스탄의 마을 사람들 집에서 지내기도 했다. 우리가 묵는 집마다 사람들은 양을 잡아서 우리를 반겨주었지만 우리는 겨우 손님들에게 차를 대접하는 정도였다. 커다란 양고기 덩어리를 요리하는 동안 우리는 보드카를 마시거나 키르기스스탄 사람들과 대화를 나누기도 하였고, 이야기를 하느라 밤을 꼬박 새우기도 했다. 때로는 저녁이 되면 아코디언을 연주하는 사람, 전통 현악기 코푸즈(kopuz)에 맞춰서 노래를 부르는 사람도 있었다. 키르기스스탄의 첫 정박지인 나린에서는 아주 놀라운 일이 우리를 기다리고 있었다. 터키계 키르

기스스탄 고등학교였다!

거기서 우리는 터키 선생들과
아주 총명한 키르기스스탄의 학생들
과 함께 꿈에도 그리던 터키 음식을
(특히 마른 콩과 고기로 만든 요리) 맛볼
수 있었다. 그들은 모두 아나톨리아
터키어를 완벽하게 구사하고 있었
다. 잊혀져버린 세계의 한 모퉁이, 중
앙아시아 천산 산맥 기슭 근처, 전화
도 없는 그 시골구석에 대단한 각오
로 컴퓨터 교육까지 시키고 있는 학

키르기스스탄에서 가장 오래된 최초의 정착지 나린에 있는
터키계 키르기스스탄 고등학교의 교사들과 학생들이
빵과 소금을 가지고 전통적인 방식으로 우리를 환영했다.

교가 있다니. 학생들은 우리를 위해서 음악회를 열어주었다. 그들은 키르기스스탄 서사
시 마나스 전설(Manas legend)의 구절들을 노래로 불렀다. 이 용감하고 인정 많은 사람들
의 역사는 아득한 옛날까지 거슬러 올라간다. 그리고 지금 그의 후손들은 전통 악기에 맞
춰서 그들의 민요를 부르고 있다. 연주회가 끝나갈 무렵 어린 키르기스스탄 학생 하나가
우리를 위해서 터키 유행가를 불러주었다. 우리가 이번 여행을 하는 동안에 인기가 높아
진 노래들이었다. 그들은 우리가 들어본 일도 없는 무스타파 산달(Mustafa Sandal)이라는
젊은 가수의 노래를 불러주었다. 그의 노래는 이랬다.

그녀는 차가 있다네. 아주 멋진 차, 정말 멋진 차,
그녀는 운전사도 두었지, 아주 특별한 운전사, 정말 특별했지.
휘발유를 넣으면 그 차가 떠날까? 그녀는 떠나겠지.
애석하기도 해라, 그녀에게는 정열이 없다네.
그러니 그녀에게는 기회도 없지.

우리는 나린에서 남은 시간을 지도를 찬찬히 들여다보며 보냈다. 다음으로 가야 할 가장 좋은 길을 결정하기 위한 것이었다. 최종적으로 우리는 치명적인 어려움은 따를 수 있지만 여정을 다섯 달 단축시켜줄 수 있는 길을 선택하기로 결정했다. 키르기스스탄에 있는 탈라스 계곡(Talas Valley)을 횡단하여 우즈베키스탄으로 넘어가는 대신, 우리는 천산 산맥을 질러서 페르가나 계곡을 지름길로 건너서 우즈베키스탄으로 들어가기로 했다. 겨울이 일찍 왔기 때문에 우리가 눈이 덮인 스텝지역에서 다섯 달을 버텨낼 수 있는 확률이 그리 높지 않다고 생각했던 것이다. 우리는 모두 걱정이 되었다. 천산 산맥에 있다고 하는 관문들을 따라가서 우즈베키스탄으로 직접 넘어가자는 의견에 만장일치. 그러나 이런 관문이 개방되어 있는지는 전혀 확인할 수가 없었다. 나린에서는 어느 누구도 그 관문들이 개방되어 있다고 장담할 수 없었다……

나린 사람들은 우리가 산에서 길을 잃을 수도 있다고 걱정했다.

그들은 또한 우리가 강도를 만날 수도 있다고 경고했다.

하지만 우리는 다섯 달이라는 여정을 단축할 경우에 우리가 얻게 될 것을 생각했다. 다섯 달은 이미 질병의 징후를 보이기 시작한 낙타들에게는 생사가 교차하는 결정적이고 중요한 시간이 될 것이다. 우리는 추위에 대비하기 위해 대원 각 사람마다 침낭 세 개씩을 마련했다. 그 정도면 북극의 조건에서도 견딜 수 있을 것 같았다. 또 우리에게는 카슈가르에서 산 양가죽 코트와 휘발유를 사용하는 요리용 철판도 있었다. 우리가 정말 걱정했던 것은 눈이 덮인 산악지대에서 낙타들의 양식을 찾지 못할 수도 있다는 사실이었다.

우리는 산악지대에 거주하며 말을 먹이는 사람들에게서 귀리를 살 수 있을지도 모른다는 것을 알게 되었다. 또 하나 기뻤던 것은 비슈케크 출신인 젊은 키르기스스탄 대학생 누르잔(Nurcan)을 만난 일이다. 그는 텔레비전 방송에서 우리 여행에 관한 소식을 듣고 나린으로 우리를 찾아와 산악지대 안내인으로 자원봉사를 하겠다고 나섰다. 우리는 누르잔 덕분에 크게 힘을 얻게 되었다. 마침내 우리는 그 길을 선택하기로 하고 천산 산맥을 향해 출발했다.

터키계 키르기스스탄 고등학교 교정에서 터키 교사들이 모여서 우리 카라반을 환송해주었다. 카라반이 천산 산맥을 향하여 아트바시(Atbashi) 방향으로 출발하는 동안 네잣과 나는 셈라와 독일 ARD 텔레비전 방송국에서 나온 가브리엘(Gabriel)과 함께 택시를 타고 비슈케크로 가서 그들을 배웅해주었다. 우리는 산악의 관문들에서 어떤 일을 당하게 될 지 전혀 짐작도 할 수 없었기 때문에 몹시 초조했다. 키르기스스탄 사람들이 분에 넘치는 인정을 베풀어주리라는 큰 기대도 가지고 있었지만 강도를 만날 수도 있다는 불안을 떨칠 수 없었다. 우리는 비디오카메라 이외에도 라이카 카메라 여섯 대에 렌즈 열다섯 개를 가지고 있어서 그 액수를 모두 합하면 카메라 장비만 하더라도 수십만 달러가 되었다. 그래서 비슈케크에서 총 몇 자루를 사서 지니기로 결정했다.

터키 대사관이 키르기스스탄 정부와 접촉했다. 외국인들은 무기를 휴대하는 것이 금지되어 있지만 결국 우리는 법적인 문제를 해결할 수 있었다. 키르기스스탄에서는 사냥철이 막 시작되고 있었고, 우리는 키르기스 사냥 클럽의 회원으로 등록하고 총을 지닐 수 있도록 허가를 받았다. 우리는 그날에야 비로소 키르기스스탄에서 "사냥철(hunting season)"이라는 말이 무슨 뜻인지를 알게 되었다. 기자단을 중국의 국경 옆에 있던 우리 카라반들에게 실어다 준 낡은 러시아 헬리콥터는 다음날이면 찰스 황태자를 태우고 천산 산맥으로 가게 될 참이었다. 황태자는 거기서 사냥을 즐길 것이다.

우리는 일행이 있는 곳으로 돌아오면서 적이 안심이 되었다. 이제 우리는 옆구리에 총을 끼고 있고, 무릎에는 산탄총들이 있으며, 실탄도 여러 상자 쌓아두었으니.

카라반, 천산 산맥에서 실종되다

우리 카라반은 먼저 천산 산맥을 향하여 북쪽으로 이동하고 있었고, 네잣과 나는 그들을 따라잡아 알라도 관문(Alato Pass) 바로 앞에 있는 한 키르기스스탄 농장에서 합류하였다. 이 농장부터 위에 있는 관문을 통과하기까지는 차량을 사용할 방법이 없었다. 그 길은 위로 45도 경사가 져 있는데다가 눈까지 덮여서 자동차로는 도저히 이동이 불가능했다. 농장주들과 지역 공안원들은 차를 타고 올 수 있는 데까지 우리를 따라왔다. 그러나 일정 지점에 이르자 그들도 되돌아갈 수밖에 없었다. 그들이 차를 돌리기 직전에 우리는 특히 어려운 도로 구간을 만나게 되었다. 우리는 낙타들이 길에서 미끄러져 넘어지지 않도록 길옆에서 모래를 퍼서 길에 뿌려야 했다. 가련한 우리 사막 동물들은 평생 이렇게 미끄러운 길을 경험해보지 않았기 때문에 우리가 녀석들을 억지로 끌어야 했고, 무거운 짐을 지고 한 걸음 한 걸음 발을 뗄 때마다 녀석들의 고통을 지켜보면서 미끄러져 넘어지면 어쩌나 마음을 졸여야 했다. 이런 상황에서 녀석들이 무릎을 다쳐 피를 흘리기라도 한다면 우리로서는 손을 쓸 방도가 없으니 정말 낭패가 아닐 수 없었다.

우리가 이렇게 눈과 얼음으로 덮인 천산 산맥 관문을 통과하는 데 걸릴 것이라고 계산한 한 달 동안, 키르기스스탄 관리들은 기간 내내 상당히 조바심을 내고 있었다. 그들은 모두 우리를 정신이 나간 사람들이라고 생각했다. 이제부터 다시 돌아올 길은 없었다. 그들은 우리의 계획을 산 저편에 있는 톡토굴(Toktogul)이라는 도시에 통보해두었을 것이고, 우리가 그곳에 도착하여 만나게 되면 연락을 해달라고 부탁했을 것이다. 말이라고 할지라도 이렇게 험한 길을 통과하려면 두꺼운 특수한 징을 박아야 한다는 것쯤은 삼척동자라도 다 아는 일. 우리는 그 다음날이 되어서야 낙타들을 끌고 그런 길을 간다는 것이 얼마나 무모하고 정신 나간 짓인가를 알게 되었다. 하지만 그 길이 아무리 험할지라도 눈이 쌓인 스텝지대를 다섯 달 동안 터벅터벅 걸어서 지나가는 것보다는 낫기 때문에 이만한 위험은 감수할만한 것이라고 생각했다.

절대로 포기하지 않는다! 길에서 마을 사람들을 만났을 때 우리는 방향을 아주 자세하게 물었다. 그들은 정상에 올라가면 작은 다리가 있고, 길이 둘로 갈라지게 되는데, 거기서 왼쪽으로 가야한다고 말해주었다. 우리는 마침내 정상 가까이에 이르게 되었다. 눈발은 더 거세지고 기온은 영하 35도로 떨어져서 도저히 앞으로 더 나갈 수가 없었다. 이제 눈은 1m 이상 쌓였지만, 어렵더라도, 아무리 힘들게 천천히 걷더라도 계속 움직일 수밖에 없었다. 마침내 정상에 올랐지만 다리는 보이지 않고 엄청나게 큰 광활한 대지가 눈이 쌓여 하얗게 펼쳐져 있었다. 우리 눈앞에 펼쳐진 것은 타클라마칸 사막처럼 광활하게 펼쳐진 대지였다. 마을 사람들이 말했던 다리는 흙벽돌로 만들어진 작은 것이었고, 이제는 눈에 파묻혀 보이지도 않았다. 아무런 흔적도 찾을 수 없었다.

우리는 실종된 것이다!

우리가 가지고 있는 핸드폰은 짧은 거리에서만 사용할 수 있는 것이어서 GPS를 사용할 방법도 없었다. 우리가 워싱턴에서 입수한 고배율 지도에는 우리가 지나온 마지막 마을뿐만 아니라, 우리가 지나온 비포장도로도 표시되어 있지 않았다. 우리는 내 본능적인 감각에 따라서 계속 이동했다. 우리는 지도상에서 우리의 위치를 확인해보려고 궁리를 했다. 우리는 사막에 있었기 때문에 해가 지고 있는 방향을 알아내려고 안개 긴 하늘을 올려다보았다. 우리는 태양을 따라갔다. 서쪽, 터키 쪽으로!

하늘이 어두워지기 시작했다. 우리는 무거운 발걸음을 옮기고 있는 낙타들을 끌고 야영할 장소를 찾았다. 낙타들은 바닥이 보이지도 않고 깊이도 알 수 없는 하얀 길 위를 걷고 있었다. 어디선가 귀가 번쩍 뜨이는 소리가 들려왔다. 소리! 물소리다! 갑자기 무서운 생각이 들었다. 발아래 강물이 흐르고 있다면…… 얼음이 깨지면 우리도 마찬가지지만 낙타들이 물에 빠질 것이다. 부상을 입을 것이고 결국 목숨을 잃게 될 것이다. 우리는 조심조심 강에서 빠져나와 천막을 쳤다. 그리고 다시는 어두울 때 여행을 하지 않으리라 맹세했다. 우리는 물 위가 아닌 곳을 골라서 얼음 위에 힘겹게 천막을 쳤다. 침낭을 세 겹이나 덧씌웠는데도 몸이 얼어서 마비되었고, 몇 시간을 몸을 녹이고서야 악몽에 시달리면서 잠깐 잠

간 눈을 붙일 수 있었다. 잔인할 정도로 고요한 밤의 적막 속에서 부드러운 소리가 귀를 찔렀다. 네잣의 천막에서 새어나오는 노랫소리였다. 나는 지금도 이 노래를 들을 때마다 그날 밤을 생각하게 된다. 로레나 맥캐닛(Loreena Mckennit)의 "비지트(Visit : 방문)."

아침에 일어나 보니 아랫마을에서 사온 사과가 밤새 얼어 있었다. 몸을 움직이기 시작하자 천막 안쪽에 얇게 얼어붙어 있던 얼음막이 면도날처럼 부서져 떨어졌다. 가장 어려웠던 일은 꽁꽁 얼어붙은 장화를 다시 신는 것이었다. 장화를 신는 데 한 시간이 걸렸다. 나는 낙타들이 얼음을 뒤집어쓴 채 얼음조각처럼 앉아있는 것을 보고 녀석들이 얼어 죽은 줄 알고 겁에 질려 달려가 보았다. 낙타들이 죽는다면 짐을 운반한다는 것은 상상도 못할 일. 하지만 녀석들 몸에 덮어둔 두꺼운 모직덮개 덕분에 녀석들은 조용히 눈 속에 앉아있었다. 그러나 녀석들의 커다란 눈동자에는 괴로운 기색이 역력했다.

눈 덮인 산길은 여러 날 동안 계속되었다. 산기슭에서 건초라도 발견하면 우리는 낙타들을 먹였고, 마른 나무 조각을 발견하면 불을 지펴 눈을 녹여서 차를 끓였다. 아침이면 우리는 천막 주변에서 짐승 발자국들을 찾아보았다. 하지만 그 짐승들이 늑대인지 여우인지 알 수 없었다. 우리는 총이 있어서 안전을 지킬 수 있었지만 여러 날 동안 사람이라고는 코빼기도 볼 수 없었다.

천산 산맥은 끝도 없이 이어졌고, 걸음을 내디딜 때마다 길이 점점 더 아슬아슬해졌다. 마침내 우리는 곧고 좁은 길이 조금씩 아래로 향하고 있다는 것을 알게 되었다. 우리가 처음으로 만난 사람은 아픈 아기를 말에 태우고 병원을 찾아가는 한 키르기스스탄 여인이었고, 다음으로는 말 먹이는 사람들 몇 명을 만났다. 우리가 제대로 가고 있는 것이 분명했다.

우리는 얼음길을 오랫동안 걸으면서 좋은 방법을 한 가지 발명해냈다. 카슈가르에서 사온 색상이 화려한 모직을 얼음에 깔아서 낙타들이 무서워하지 않고 걸을 수 있도록 해주는 방법이었다. 하지만 한 번은 우리 낙타들 가운데서 얼음을 가장 무서워하는 바으르간(소리 지르는 놈)이 미끄러져서 제방 아래로 굴러 떨어진 일이 있었다. 우리는 너무나 겁이 났고, 녀석을 다시 골짜기로 끌어올리는 데 하루가 꼬박 걸렸다. 지나가기가 가장 어

려웠던 곳은 말들이 밟고 지나다녀서 얼음이 조각조각 깨져 있는 강물이었다. 그런 강 하나를 건너려면 몇 시간이 걸렸다. 때로는 키르기스스탄의 마부들이 우리와 동행해주었고, 그들이 내주는 발효시킨 크므즈(Kımız : 마유주馬乳酒)며, 얼린 고기, 보드카, 밀로 만든 가벼운 알코올음료 등을 먹고 마시며 추위를 잊을 수 있었다.

우리는 이제 키르기스스탄 목동들의 집이나 가난한 산골마을 사람들의 집에서 밤을 지낼 수 있었다. 이런 가난한 집들 중에서도 가장 형편이 어려운 집까지 어떻게든 우리를 위해서 양을 잡아주었다. 그들은 뺨이 분홍빛으로 물들어 있었고 눈동자는 가느다랗지만 마음만은 깨끗한 사람들, 참으로 아름다운 사람들이었다. 길을 걷는 내내 그들은 우리를 아주 따뜻하게 맞아 주었고 인정을 베풀어주었다. 그들이 베푸는 인정은 아득한 과거의 역사에서 시작되어 오늘에 이르기까지 그들의 전원생활에서 우러나오는 인정일 터. 천산 산맥의 깨끗한 공기가 그 아름다운 사람들의 영혼에까지 스며있는 것만 같았다. 우리가 문 앞에 모습을 나타낼 때면 어느 한 집도 외면하지 않았다. 우리가 돈을 주면 되돌려 주었다. 우리는 화롯가에 옹기종기 둘러앉아 거대한 산맥을 휩쓸고 지나가는 눈보라 폭풍 소리를 들으며, 오랜 옛날부터 전해져 오는 그들의 전설에 귀를 기울였다. 그들이 대접한 삶은 양고기에 보드카를 마시며 그들이 들려주는 마나스 영웅의 전설 속으로 푹 빠져들었다. 우리 낙타들은 그들 나름대로 잔치를 즐기고 있었다. 녀석들은 목동이 자신들의 말을 먹이려고 산에서 모아들인 누런 목초를 먹고 만족스러운 듯 되새김질을 했다.

우리는 한 달 이상 천산 산맥을 따라 길을 걸으면서 잊지 못할 많은 일들을 겪었지만 그 가운데서도 특히 잊을 수 없는 일들이 있다. 산골 어느 마을에서의 일이었다. 우리가 마을에 들어서니 마을 여인네들이 우리 주변으로 몰려들었다. 우리가 비단이나 이런저런 방물들을 팔러온 장사꾼일줄 알고 거래를 하기 위해서였다. 이 산골 마을은 마치 시간이 정지해있는 것만 같았다. 여러 달 동안 우리 스스로도 우리가 옛날의 카라반들처럼 진짜 카라반이 아닐까하는 착각에 빠졌고, 때로는 현실이 시간을 넘나들고 있다는 생각이 들기도 했다. 어떤 마을에서는 한 무리의 노파들이 길로 나와서 우리 낙타들을 쓰다듬으면서, 소리를 지르고 이상한 몸짓을 하며 기도를 올리기도 했다. 나중에 알게 된 사실이지만, 이 노파들 가운데 한 사람은 남편이 세상을 떠나기 전에 낙타몰이꾼이었다고 했다. 그 여인은 갑자기 낙타들이 나타난 것을 보고 "우리 남편의 영혼이 돌아왔다"고 생각하여 울면서 낙타들을 돌아보고 죽은 남편의 넋을 향하여 이야기를 하려고 했던 것이다. 이런 거대한 산의 산골 마을들에서는 이렇듯 아직도 샤머니즘이 성행하고 있다. 그러나 정작 우리가 깊이 감동을 받은 것은 다른 사건이었다.

그 사건을 우리는 "보르게빅(Borgebik)" 사건이라고 불렀다.

어느 날 정오가 다 되어갈 무렵 마른나무로 피운 모닥불에 둘러앉아서 차를 마시고 있었는데, 키르기스스탄 마을 주민 한 사람이 오더니 길을 따라 있는 다음 마을의 사람들이 우리를 기다리고 있고, 마을에 도착하는 날 저녁을 대접하려고 준비하고 있다고 알려주었다. 우리는 도대체 어떻게 된 일인지, 어떤 일이 일어나고 있는 것인지 전혀 짐작할 수가 없었다. 우리가 그 마을에 다가갈 무렵 이미 날이 어두워지고 있었다. 거친 돌로 지어진 집들이 모여 있는 상당히 그로테스크한 이 마을은 마치 선사시대의 유물처럼 보였다. 우리는 이 집들의 모든 창문이 불을 밝혀서 환하게 빛나고 있는 것을 보고 깜짝 놀랐다. 온 동네가 우리를 기다리고 있었던 것이다. 우리가 초대를 받고 안으로 들어서자 마을 사람들은 낙타들도 보살펴주고, 짐을 내려 날라 주기도 했다. 우리의 여행에서 이렇게 낙타까지 돌봐주는 사람들을 만난 것은 이번이 처음이었다. 그러더니 그들은 낙타 앞앞에 목초를 한 단씩 갖다 주었다. 우리는 이게 도대체 어떻게 된 일인가 하여 눈을 둥그렇게 뜨고 그들을 바라볼 뿐이었다. 이윽고 우리는 차를 마시면서 사연의 전말을 듣게 되었다. 나이가 족히 팔순은 되었을 것 같은 보르게빅이라는 키르기스스탄 촌로의 이야기는 이러했다.

어느 날, 늙기는 했지만 강단이 있어 보이는 이 노인을 뱃속에 가지고 있던 어머니는 샘물가에서 진통을 시작했다고 한다. 때 마침 그곳을 지나가던 카라반의 우두머리가 그녀의 출산을 도와주고 그녀와 아기를 낙타에 싣고 마을까지 데려다 주었다. 그는 마을을 떠나기 전에 자신의 이름을 따서 아기의 이름을 "보르게빅" 이라고 지어주었다. 키르기스스탄 사람들에게는 그런 이름이 없었고, 그들은 카라반이 어디서 왔는지, 어디를 향하는지 알 수 없었다. 그 단어의 발음으로 미루어보아 그 카라반이 몽골의 카라반이었을 것이다. 아마도 당시 80년 전에 그 카라반은 산길을 따라서 실크로드를 횡단하던 마지막 카라반이 아니었을까.

우리가 이 이야기를 듣고 있는데 마을 사람들은 우리를 밖으로 불러내더니 우리의 이마에 새로 잡은 양의 피를 발라주었다. 이 마을 사람들은 비록 80년 전의 일이지만 어머니와 아기의 목숨을 구해준 그 알 수 없는 카라반에게 이렇게 해서라도 보답을 하고 싶었던 것이리라.

우리가 지나가는 마을들에서는 모스크라고는 찾아볼 수 없었다. 그리고 그 사람들은 자신들이 모슬렘이라고 말하기는 하지만 여전히 그들의 선조들이 믿어왔던 샤머니즘 전통들을 보존하고 있었다. 샤먼 신앙에 따르면 세상을 떠난 자들의 영혼은 영원히 그들과 함께 있다고 한다. 산과 시냇물, 나무들과 생명이 없는 바위들까지도 영혼을 가지고 있다. 샤먼들은 이런 정령들과 접촉하기 위해 정령들에 대한 공경의 표시로 동물을 잡아서 제물로 바친다. 그들은 자신들이 살아오면서 집단적으로 겪은 특수한 사건들을 서술하는 정령신앙적인 시들을 음송한다. 또한 그런 시에 희극적인 요소들을 가미하여 그 음송을 듣는 온 마을 사람들이 배꼽을 쥐고 웃기도 한다. 우리는 한밤중까지 앉아서 고기를 먹고 보드카를 마시며 이야기를 듣고 술이 취해서 잠이 들었다. 그로부터 몇 주가 지나서야 우리는 비로소 그날 밤 사건의 의미를 깨달을 수 있었다. 보르게빅은 오래 전 카라반 영혼들의 사자(使者)였으며, 우리는 이번 여행이 우리를 신비로운 샤머니즘의 주랑으로 데리고 가고 있다는 것, 그리고 우리 자신도 용감했던 옛 카라반 정령들의 보호를 받고 있다는 것을 깨닫게 되었다.

산 아래쪽으로 내려갈수록 길은 점점 수월해졌고, 밤이 되면 이제 마을 가정집에서 밤을 지내게 되었다. 어떤 마을에서는 이전에 공산당 본부로 사용되던 건물에서 잠을 자기도 했다. 지금은 버려진 건물들이다. 벽에 둘러쳐진 금속판에는 레닌의 사진들이 새겨져 있었다. 러시아어와 키르기스어로 쓰인 공산당 구호, 소련 우주 프로그램을 설명하는 포스터와 우주 왕복선 사진들, 그리고 트랙터를 타고 행복한 미소를 지으며 손을 흔드는 사람들의 사진도 붙어 있었다. 또한 대중들에게 연설을 할 수 있는 커다란 연단도 있었다. 그 마을은 마치 지난 세기를 상세히 설명해주는, 역사책에서 막 뛰쳐나온 것 같은 모습이었다. 수북이 쌓인 눈 아래 침침한 집들이 제멋대로 뒤섞여 있었고, 마을 사람들은 말을 타고 이리저리 움직이고 있었다. 나는 결국 이 마을의 분위기가 왜 그렇게 우울한가를 알게 되었다.

오랜 세월 동안 이 마을 사람들은 말을 기르며 살아왔지만 10월 혁명 이후로 공산당은 이 사람들에게 농사를 가르치려고 계획하였다. 누가 어떤 방식으로 어떤 이념적인 힘을 가지고 그랬는지는 모르지만 엄청난 양의 트랙터와 쟁기, 갖가지 농기구들을 사들였다. 하지만 그 땅은 한 해 중 6개월은 동토였고, 따라서 말을 먹일 수 있는 들풀만 겨우 자랄 수 있었다. 심지어는 감자 농사도 되지 않았다. 그 키르기스스탄 사람들은 혈통으로 볼 때 몽골인, 터키인들과는 사촌지간으로 아주 오랜 옛날부터 스텝지역을 지배했던 사람들이었다. 따라서 그들은 땅을 경작하는 일은 두말할 나위도 없고, 농기계에도 관심이 없었다. 우리가 마을을 지나 길을 따라 걷는 내내 부서지고 녹슨 농기계들이 뒤틀린 고철 덩어리들 사이로 사람 어깨 높이까지 자란 잡초들과 함께 평원에 널려 있었다. 이 슬픈 풍경은 70년간 왔다가 목적도 이루지 못하고 사라져버린 한 사회의 유물들을 보여주고 있었다.

차엑(Chaek), 사르카므쉬(Sarıkamısh), 사르사벳(Sarı Savet)과 같은 마을들을 통과하여 우리는 마지막 산악 관문에 이르렀다. 날은 이미 어두워졌지만 야영을 할 만한 넉넉한 땅을 찾을 수가 없었고, 아래쪽에 불이 켜진 마을을 찾아가기 위해서 구불구불한 산길을 좀 더 걸어야 했다. 우리는 밤늦도록 터벅터벅 무거운 발걸음을 옮겼다. 비슈케크에 있는 터키 대사관과 키르기스스탄 당국자들은 여러 주 동안 우리에게서 아무런 연락이 없자 우리가 산속에서 길을 잃거나 노상 어디에서 동사했을 수도 있다고 걱정한 나머지 그 지역의 모든 도시들과 마을들에 연락하여 우리를 찾아보라고 하였다. 톡토굴 호숫가에 있는 톡토굴 시의 관리들과 모든 거주민들이 우리를 기다리고 있었다. 그들은 우리가 반드시 그 길로 올 것이라고 짐작하고 있었던 것 같았다.

우리가 동네로 걸어 들어서자 낙타 방울소리를 듣고 개들이 짖기 시작했고, 사방에서는 탄성소리가 터져 나왔다.

"그들이 여기 온다! 여기 오고 있어!"

우리는 떠밀리다시피 하여 그 지역 관리의 집으로 들어갔고, 그제야 우리가 마지막 마을을 떠나서 무려 42km를 걸어왔다는 사실을 알게 되었다. 아침이 되어 겨우 자리를 털고 일어나 보니, 마을 사람들은 우리가 왔다고 양을 잡아 4시간 동안이나 요리를 해서 우리가 먹을 수 있도록 준비해두고 있었다. 아무도 손가락 하나 까딱 하고 싶지 않았지만 우리는 결국 자동차가 있는 곳으로 안내를 받았다. 이것이 문명이로구나! 무랏과 나는 낙타들을 네잣과 팩스턴, 누르잔, 그리고 우리와 함께 길을 걸은 키르기스스탄 경찰관 휘르멧 (Hürmet)에게 맡겨두고 낡은 러시아제 지프를 타고 톡토굴 시내로 갔다. 우리는 거기서 이스탄불에 전화를 걸었고, 우리를 만나기 위해서 우즈베키스탄으로 오고 있을 언론사 취재진들과 통화했다. 톡토굴 당국자들은 도로 건설을 위해서 그 지역에 와 있는 터키 엔지니어들이 묵고 있는 집으로 우리를 안내했다.

상상해보시라. 터키 사람들이 도로를 건설하기 위해서 키르기스스탄까지 오다니! 목욕을 하고 차를 마시고 터키 음식을 먹어본 것이 도대체 몇 달 만인가! 이스탄불에 전화를 걸었을 때 우리는 황당한 소식을 접하게 되었다. 일주일 안에 우리의 스폰서들인 이브라힘 보두르, 제이넵 보두르 옥야이, 그리고 그녀의 남편 오스만 옥야이(Osman Okyay), 그리고 터키 언론협회 회장 나일 귀렐리(Nail Güreli) 등이 모두 엄청난 규모의 기자단과 텔레비전 방송팀을 이끌고 키르기스스탄-우즈베키스탄 국경에서 우리를 만나기 위해서 타슈켄트 (Tashkent)에 도착할 것이라는 이야기였다.

우리가 일주일 안에 타슈켄트에 도착할 수 있는 방법은 전혀 없었다. 적어도 한 달은 더 가야 한다. 두 번째 문제는 우리 낙타들이었다. 천산 산맥을 넘어오느라 녀석들이 완전히 지쳐 있어 적어도 일주일은 쉬어야 했다.

아시예 보두르의 반응은 황당했다.

"어머나, 절대 안 돼요!"

그녀는 그들이 이미 우즈베키스탄 정부 관리들과 날짜를 협의했다고 말했다. 비행기표도 이미 사두었고, 비자도 이미 받아놓았다니! 타슈켄트에서는 데미렐 대통령의 친서를 우즈베키스탄 대통령 이슬람 카리모프(Islam Karimov)에게 전달할 예정이었다. 그들은 중국─키르기스스탄 국경에서 그랬듯이 헬기를 타고 우리 캠프로 올 계획을 세우고 있었다. 그녀는 나에게 타슈켄트로 와서 만나자고 하면서 행사 날짜는 이미 정해졌다고 잘라 말했다.

다음 두 주간은 거의 발작상태에서 지나갔다. 무랏과 나는 타슈켄트로 가서 이스탄불에서 온 사람들과 만났다. 모든 사람들이 호텔 앞에서 서로 껴안고 인사를 나누느라 정신이 없는 사이에 무랏은 그가 쓰던 라이카 카메라와 렌즈 세 개를 도둑맞았다. 친서 전달식은 몇 시간 동안 이어졌다. 50명에 이르는 사람들이 비행기를 전세 내어서 사마르칸트(Samarkand)로 날아갔다. 우리는 바로 그날 타슈켄트로 돌아와 기자회견에 참석해야 했다. 그날 밤에는 우즈베키스탄의 음악과 그들의 민속무용을 공연하는 소녀들과 함께 지냈다. 다음날에는 한 무리의 기자들과 텔레비전 저널리스트들을 데리고 천산 산맥으로 돌아와 피곤에 찌든 우리 카라반들을 만나게 해주었다. 그날 아침 네잣이 톡토굴에서 전화를 걸어왔는데, 전화 상태가 좋지 않아서 네잣이 무슨 말을 하는지 잘 알아들을 수가 없어 애를 먹었다. 우리 낙타들 가운데 가장 튼튼한 녀석인 지토가 심하게 앓고 있다는 것이었다. 몇 시간 후에 우리는 폭풍이 다가오고 있다는 것을 알게 되었고, 결국 헬기 여행은 취소되었다.

기자들은 낙타들의 사진을 찍을 수 없다는 것과 무랏과 나만 데리고 인터뷰를 해야 한다는 사실에 몹시 실망했다. 그러나 사실 내 마음은 온통 앓고 있는 지토에게 가 있었고, 그날 밤 우리가 천산 산맥을 지나온 것에 대해서 몇 시간 동안 이야기를 하면서도 전혀 정신을 집중할 수가 없었다. 우리 낙타들이 모두 몸무게가 상당히 줄어든 것이 걱정이 되었다. 나는 그들의 짐을 가볍게 해줄 수 있는 방도도 찾아보았고 먹이를 터키에서 가져다 먹여서 녀석들의 식단도 좀 풍성하게 해주어서 절박하게 필요한 몸무게를 늘릴 방도도 생각했다. 나는 우리 스폰서 이브라힘 보두르에게 우리의 문제에 대해서 이야기했고, 그는 내 이야기에 적극적인 자세를 취했다.

타슈켄트에 있던 마지막 날, 우리는 캔버스 천으로 만든 침대를 싣고 가는 러시아 트럭 한 대를 발견했는데, 그 트럭 운전사는 아흐메트 하미도프(Ahmet Hamidov)라는 아히스카(Ahiskha) 청년이었다. 우리는 그의 차를 빌려 타고 카라반을 향해서 출발했다. 우리는 뜻밖에 손님 두 사람을 맞이하게 되었다. 한 사람은 미키 디디예르(Miki Didijer)인데, 그는 19세기의 유명한 스웨덴 여행가 스벤 헤딘의 친척이었다. 디디예르는 우리가 이스탄불을 떠날 때부터 우리를 만나기 위해서 스웨덴에서 왔고, 이번에는 여자 친구이자 사진가인 아니스타(Anista)와 동행하고 있었다. 나는 카라반을 향해 왔던 길을 거꾸로 걸었다. 바로 2주 전에 걸었던 길이었지만 이제 온 마을은 눈으로 덮여 있었다. 그제야 나는 우리가 아주 아슬아슬한 시간에 산을 넘어왔다는 것을 알게 되었다.

나는 카라반이 지난 이틀 동안 여행을 하고 있다는 것을 알고 내장을 바늘이 콕콕 찌르는 것 같은 불길한 예감을 떨치려 했지만 불안한 마음을 가라앉힐 수가 없었다. 언덕에 이르자 아래쪽에서 이동하고 있는 우리 일행이 눈에 들어왔다. 나는 얼른 낙타 수를 헤아려 보았다. 신이여, 제발, 나는 내가 잘못 헤아렸기를 간절히 바랐다. 그러나……

빌어먹을! 낙타 한 마리가 없었다. 지토가 죽은 게 분명했다.

카라반은 이제 낙타 여섯 마리로 움직이고 있었다. 지토는 한 주간 내내 앉아있었고, 그 자리에서 끝내 일어나지 못했다고 했다. 온갖 방법을 다 써보고, 며칠을 기다리면서 먹이도 주어보았지만 녀석은 끝내 먹기를 거부했다. 녀석은 네잣의 눈동자를 바라보며 숨을 거두었다고 한다. 나는 감정을 억누르고 미키와 아니스타를 우리 대원들에게 소개했다. 그러나 나는 지토를 잃었다는 소식에 완전히 의기소침해 있었다. 누가 짐작이나 했겠는가? 커다란 뼈 한 개가 맨 앞의 낙타 두 마리를 연결하는 줄에 매달려 있었다. 지토의 뼈였다! 팩스턴이 지토의 해골을 마을 사람들에게 부탁하여 끓여달라고 했다는 것이다. 팩스턴이 덧붙였다.

"난 이 녀석을 집으로 데리고 갈 거야." 그리고 "영원히 간직할 거야."

미국인들이라니!……

우즈베키스탄
Uzbekistan

uzbekistan

그대여, 이제 사마르칸트를 둘러보라!

땅의 여왕이 아닌가?

그녀의 자존심이 모든 도성들보다 높지 않은가?

그녀의 손에 그들의 운명이 걸려 있지 않은가?

온 세계가 누려온 영화를 넘어

그녀가 우아하게 홀로

영화를 누리고 있지 않은가?

에드가 앨런 포우(Edgar Allen Poe) 「타메를란(Tamerlane)」

우리는 단지 장사를 위해서 여행하는 것은 아니니,

뜨거운 바람이 우리의 타는 가슴을 부채질하네.

알 수 없는 것을 알고 싶은 욕망을 위해

우리는 사마르칸트로 황금빛 여행을 떠났다네.

제임스 엘로이 플레커(James Elroy flecker)

「사마르칸트로 가는 황금빛 여행(Golden Journey to Samarkand)」

사마르칸트는 태양이 비치는 곳 중에 가장 아름다운 땅이니……

아민 마알루프(Amin Maalouf)

실크로드의 웅대한 과거는 본질적으로 방울소리 울리며 길을 오가던 카라반들, 모래 폭풍에 시달리면서도 향신료의 향내를 풍기며 비단을 실어 나르던 카라반들과 뒤얽혀 있다. 이들은 황금빛 돔과 아름다운 첨탑, 매혹적인 음악이 있는 사막을 오가던 신비에 싸인 여행자들이었다.

사마르칸트, 그 이름만 들어도 곧 실크로드를 연상하게 되는 도시이다. 수백 년 동안 많은 시인들에게 영감을 주었던 도시, 서양 탐험가들의 꿈을 일깨웠던 도시, 제국과 군주들 그리고 수많은 종교 분파들이 자신들의 것이라고 주장해왔던 도시, 그것이 바로 사마르칸트다. 그곳은 장구한 세월 동안 과학과 문학의 중심지였고, 수많은 문명들의 중심이었다. 사마르칸트는 오늘날까지도 사람들이 신화에 나오는 아틀란티스처럼 신비스럽게 생각하는 도시이다.

사마르칸트(고대 그리스 시대에는 마라칸다Marakanda)는 중앙아시아에서 가장 오래된 도시로 기원전 5세기까지 거슬러 올라가는 역사를 가지고 있다. 소그디아나(Sogdiana) 왕조 때 도시의 인구는 오늘날의 인구보다 더 많았다고 한다. 기원전 329년에 알렉산더 대왕은 마라칸다를 정복하고 이렇게 말했다.

"내가 그 동안 마라칸다에 대해서 들어왔던 모든 것들은 진실이다. 단 한 가지 다른 게 있다면 이곳이 내가 상상했던 것보다 더 아름답다는 것이다."

사람들이 붐비던 대도시 사마르칸트는 수많은 문명의 본고장이었고, 수많은 민족 집단의 고향이었다. 이 도시의 주인은 300년마다 바뀌었고, 마케도니아 사람들, 터키족, 아랍족, 페르시아어를 사용하는 사만 사람들(Samanis), 몽골 사람들, 카라히타이족(Karahitays), 하르젬샤족(Harzemshah)의 수도였다. 1220년에 칭기즈 칸이 이끄는 몽골 군대에 파괴되기 전까지만 하더라도 사마르칸트는 모래 바다 한 가운데서 빛을 발하는 보석과도 같았다. 한 때 이 도시는 너무나도 철저히 파괴되어 하마터면 역사의 지도에서 지워질 위기에 처한 적도 있었다. 이때 타메를란이라는 전사가 등장하여 트랜소시아나(Transoxiana : 현재 카자흐스탄과 우즈베키스탄 지역)의 많은 도시들을 멸망시키고, 장차 거대한 제국으로 발전하게 될 자신의 왕국의 수도를 사마르칸트로 정하여 이전의 영광을 회복시켜 놓았다. 그곳이 함락된 지 25년 후 사마르칸트는 다시 명성을 되찾아 오늘날까지 이어지고 있다. 타메를란의 손자 울루그 벡(Ulug Beg)이 통치하던 1449년이 되자 사마르칸트는 과학과 예술과 문학의 거대한 중심지가 되었고, 우즈벡 샤이바니(Uzbek Shaybani)가 인접한 북호로(Bukhoro : 부하라)로 수도를 옮기던 16세기까지 그 위상을 잃지 않았다.

16세기 이후 사마르칸트는 서서히 역사의 뒤안길로 사라지기 시작했다. 도시를 강타했던 연속되는 지진들로 인해 그 이전 시대의 영화가 만들어낸 걸작들은 대부분 파괴되고 허물어져 이제는 잔해들만 남게 되었다. 사마르칸트는 1868년 러시아 차르 왕조에 복속되면서 다시 꿈틀대기 시작했다. 그곳이 트랜스—코카서스 철도(Trans-Caucasus Railroad)의 주요 정차역이 되었기 때문이다. 1924년에 사마르칸트는 새롭게 건설된 우즈벡 소비에트 사회주의 공화국(Uzbek Soviet Socialist Republic)의 수도로 불리게 되었지만 이런 수도의 영예는 곧 타슈켄트로 옮겨지게 되었다. 오늘날 사마르칸트가 가지고 있는 웅장한 이슬람 건축의 명성은 그곳을 수도로 삼았던 타메를란의 업적에서 기인하고 있다.

뼛속까지 파고드는 추운 날씨를 견디며 터벅터벅 걸어서 우리가 사마르칸트에 도착한 것은 12월 29일이었다. 스웨덴 친구 미키와 그의 보스니아 여자 친구 아니스타는 우리와 함께 두 주간을 걷다가 키르기스스탄과 우즈베키스탄 국경에 있는 나망간(Namangan)이라는 도시에서 우리와 헤어져 타슈켄트로 출발했다. 그들은 최근에 우리의 대원이 된 아흐메트(Ahmet)의 가족과 함께 타슈켄트에서 하루 이틀 더 머문 후 이스탄불로 갔다가 스톡홀름으로 갈 계획이라고 했다. 이번 여행은 미키와 아니스타에게는 기쁜 일과 슬픈

▶ 우즈베키스탄 전통의상을 입은 네잣이 카라반을 이끌고
우즈베키스탄에서 가장 유명한 광장인 레지스탄으로 들어가고 있다.
우리가 사마르칸트에 있는 동안 묵었던 이 광장은 오랜 세기 전에도 카라반들의 숙소였다.

일 모두 놀라움 그 자체로 가득한 여행이었다. 북유럽에서 나고 자란 미키는 우리가 갑자기 나타났는데도 마을 사람들은 왜 우리를 그렇게도 따뜻하게 맞아주는지 도무지 이해할 수 없었을 것이다. 그들은 항상 우리를 자신의 초라한 집으로 반갑게 맞아들였다. 또한 가난하기는 하지만 자존심이 매우 강한 이들은 즉시 양이나 염소를 잡아 각을 떠서 커다란 솥에 넣고 요리해 우리 앞에 내놓았다. 그들은 보드카 병을 내왔고, 그쯤 되면 우리는 4천 년 동안이나 강하게 남아있는 축제와 전통의 분위기에 젖어 모두 함께 잔치를 벌이곤 했다. 우리의 손님들은 또한 그들이 악기를 가져다가 밤을 지세며 고대의 마나스의 영웅 전설을 노래하는 것을 보고도 상당히 충격을 받았을 것이다.

"이건 단순한 접대가 아닙니다. 이건 우리말로는 전혀 표현할 수도 없는 행동이고, 우리에게는 없는 개념이예요!"

나는 설명하려고 애써보았다.

"저 사람들은 우리를 신이 보낸 손님이라고 생각하고 있습니다. 키르기스스탄 사람들은 수천 킬로미터를 걸어온 카라반이라는 생각 자체를 존중하지요. 그들이 우리를 위해서 마련한 잔치는 사실은 신에게 올리는 감사의 제물이자 그들이 잡은 양에 대한 감사이고, 양들이 먹는 천산 산맥('천산'이란 신들의 산이라는 뜻)에서 자란 목초들에 대한 감사이기도 하면서 겨울이면 내리는 눈에 대한 감사이고, 그들이 축복으로 받은 자녀들에 대한 감사라고 할 수 있습니다. 우리는 그들이 바치는 감사 제사의 도구에 지나지 않아요. 특별한 방문의 형식으로 나타난 도구인 셈이죠. 이런 의식은 우리가 20달러를 주고 양을 사서 잡아먹는 단순한 고기 몇 킬로그램과는 전혀 다른 것입니다."

미키는 여전히 이해할 수 없다는 눈치였다. 미키는 자본주의 사회에서 살고 있는 사람이었고, 지금 여기서 목격하고 있는 것들을 표현할 수 있는 말이나 개념을 알 수 없는 사람이었다. 그는 지금도 마찬가지지만 앞으로도 영원히 이해할 수 없을지도 모른다. 아니, 이해할 수는 없다 하더라도 그 특별한 하룻밤을 영원히 잊지 못할 것이다. 우리가 작은 산골 마을에서 하루를 묵으면서 우리를 위해 잡은 양고기를 먹으며 지내고 있는데, 다

른 마을 사람들이 찾아와 자기들도 양을 잡아서 대접하고 싶으니 하루만 더 묵고 가라고 간청했다. 우리는 몹시 지쳐 있었지만 눈으로 길이 폐쇄되기 전에 다음날 아침 페르가나 계곡으로 내려가야 한다고 말했다. 그는 우리가 초대를 수락하지 않는 것에 대해서 몹시 섭섭해 하였다. 특히 다른 마을 사람들의 초대에는 응하고 자신의 초대를 거절한 것에 대해 몹시 화가 난 그는 자리를 떠났고, 우리 역시 어쩔 줄 몰라 당황스럽기만 했다. 우리가 그 일을 미키에게 설명하자 역시 도저히 이해할 수 없다는 눈치였다. 우리는 미키가 실제로 스벤 헤딘의 친척일까 하는 의심이 들기 시작했다. 헤딘은 오랜 기간 동안 중앙아시아를 여행했고, 잊혀졌던 도시들을 발견하여 중앙아시아의 지도를 다시 만든 위대한 탐험가가 아닌가! 스벤 헤딘이라면 이런 사람들을 잘 알고 있었을 텐데!

한편으로 아니스타에 대한 기억은 조금은 당혹스러운 것이다. 우리는 여행을 하는 동안 저녁이 되면 모닥불을 피워놓고 차를 끓였다. 차가 우러나기를 기다리는 동안 우리는 목표물을 정하여 사격 연습을 하곤 했다. 빈병을 발견하면 그것을 돌 위에 올려놓고 권총과 사냥총으로 쏘았다. 사격 준비를 하고 있을 때 미키가 우리에게 다가와서 사격을 하지 말아달라고 부탁을 했다. 아니스타가 총소리를 아주 무서워한다는 것이었다. 우리는 미키의 말에는 아랑곳하지 않고 '그녀도 이 소리에 익숙해지겠지' 생각하며 사격을 시작했다. 그러나 이게 웬일인가? 아니스타가 한쪽 구석에 웅크리고 앉아서 흐느껴 울고 있었다. 우리는 너무나 당황해서 즉시 사격을 멈추었지만 그녀는 우리의 말을 들으려고도 하지 않았다.

미키는 아니스타가 몇 년 전에 보스니아에서 스웨덴으로 망명을 했다고 이야기한 적이 있었다.

"그녀의 친구들이 모두 총에 맞아 죽었고, 그래서 총소리를 들으면 그 악몽이 되살아난답니다."

우리는 그날 하루 아무 말 없이 걷기만 했고, 아니스타가 경험했던 것을 이해하기 위해 깊은 생각에 잠겼다. 미키의 부탁을 무시했던 것이 정말 후회스럽기 짝이 없었다.

우리는 사마르칸트에서 새해맞이를 했다. 주지사가 호텔을 하나 주선해 주었다. 자라프샨(Zarafshan)이라는 호텔이었는데 호텔에는 마당이 있어서 거기에 낙타들을 매어둘 수가 있었다. 짐을 풀고 나서 우리는 그 웅장한 도시의 시가지 구경을 시작했다. 웅장함에 있어서는 이스파한(Esfahan)이나 피렌체, 또는 우리의 이스탄불에 못지않은 도시였다. 이 도시는 타메를란에 의해서 건설되었으나 이후 많은 지진과 전쟁으로 인해 그 웅장했던 과거가 잿더미가 되어 있었다. 러시아의 장인들이 그 도시의 많은 부분을 복구해 놓았지만, 어떤 의미에서 그들은 복구를 했다기보다는 재건을 해놓은 것이었다. 우리가 거기에 머무는 동안에도 비비하늠 모스크(Bibi Hanım Mosque)의 복구 작업이 한창 진행 중이었는데, 사람들이 원래의 벽돌문을 콘크리트로 땜질하는 것을 보고 몹시 실망스러웠다. 노동자들은 다가오는 그 도시의 2,500주년 기념식을 준비하고 있었지만 연대를 어떤 방식으로 결정했는지 아는 사람은 아무도 없었다. 도시의 한복판 가장 큰 광장인 레지스탄(Registan) 광장에 원형 경기장이 건설되어 있었는데 의자가 플라스틱으로 되어 있었다. 플라스틱 의자들을 보면서 우즈베키스탄 사람들은 자신들의 문화적 유산을 어떻게 평가하고 있는지 의문이 들었다.

도심 거리에서는 다양한 문화적 배경을 가진 사람들을 볼 수 있었다. 키르기스스탄의 수도 비슈케크에서도 마찬가지지만 우리는 아주 다양한 사람들을 보았다. 스탈린의 폭압으로 고생을 겪었던 고려인들, 소련이 무너진 지 이미 오래 되었지만 그들이 가지고 있는 행정적 경험 때문에 아직도 우즈베키스탄 사람들이 필요로 하는 러시아 공무원들, 눈이 둥글고 페르시아어를 사용하는 타지크족(Tadjiks), 아프간 사람들, 그리고 원래 페르가나 계곡 출신이지만 실크로드를 따라서 이곳으로 들어와서 이슬람을 받아들인 옛 상인들의 후손들 등등. 키르기스스탄과 마찬가지로 이곳 시장에서 파는 물건은 주로 질이 낮은 것들이었고, 싸구려 러시아 물건도 있었다. 한때 영화로웠던 실크로드의 주변 지역들에는 한결같이 이런 빈곤의 우울한 그림자가 드리워져 있었다.

우즈베키스탄 관광청은 타슈켄트로부터 우리 카라반에게 안내인 한 사람을 붙여주

었다. 우리는 그 재미있는 젊은이 쉐브켓(Şevket)의 익살을 결코 잊을 수 없을 것이다. 그날 아침 우리 카라반은 레지스탄 광장에서 사마르칸트 주지사와 신문사 직원들을 만나기로 되어 있었다. 레지스탄 광장은 중앙아시아에서는 가장 크고 웅장한 광장이다. 쉐브켓은 모임에 앞서 광장에서 몇 가지 준비할 일이 있다고 이야기했는데, 우리는 그가 무엇을 준비하는지 알지 못했다. 결국 우즈벡 구경꾼들의 얼굴과 아주 멋지게 치장한 우리 낙타들이 광장에서 기다리는 모습을 보고서야 깜짝 놀라게 되었다. 쉐브켓은 자신도 산악인들이 입는 아주 두꺼운 모피로 치장을 하고 있었고, 마치 광장의 정면에 있는 신학교인 쉬르 다르 메드레세(Shir Dar Medresse)의 앞에서 야영을 할 것처럼 광장 한 가운데 초록색 플라스틱 텐트까지 세워놓고 있었다. 그것만이 아니었다. 그는 또한 천막 앞에 무선통신 시스템까지 설치해 놓고 있었다. 그것은 2차대전 때 사용하다 남은 군수 물자로서 6m짜리 안테나에 커다란 상자가 딸린 러시아 시스템이었다. 그는 그 시스템이 우즈베키스탄 관광청이 우리에게 서비스로 제공하는 것이라고 말했다. 우리 낙타들의 털을 뽑으려고 잡아당기고 있는 구경꾼들로부터 우리가 낙타를 지키고 있는 와중에도 쉐브켓은 우리가 알 수도 없는 본부와 연락을 하느라 분주했다.

"예 카라반, 예 카라반, 피쉬콤!(Ye karavan, ye karavan, pishkom! : 여기는 카라반, 여기는 카라반, 나와라!)"

쉐브켓은 우리가 투르크메니스탄 국경에 이를 때까지 야영을 할 때마다 매번 이런 작전을 반복해서 일행의 폭소를 자아냈다. 쉐브켓은 단 한 번 그의 무전기로 응답을 받은 일이 있는데, 그 응답은 북부 우즈베키스탄 어떤 산에서 야영을 하는 산악인으로부터 온 것이었다. 우리는 쉐브켓이 무선 통신기를 가지고 베풀어준 호의를 결코 잊을 수 없을 것이다. 그 무선 통신기는 쉐브켓 혼자만의 것이 아니라 우리 모두의 것이었다!

길을 가는 동안 여전히 끊임없이 신분증을 요구하고 우리가 무엇을 하고 있는지를 묻는 경찰관들에게 시달려야 했다. 군사정권 하에서 경찰은 모든 일에 대해서 엄청난 권력을 가지고 있다. 쉐브켓은 이제 무전기를 가지고 다니는 것이 버릇이 되었고, 그래서

그는 경찰을 만날 때마다 이 사람들은 이슬람 카리모프 대통령의 손님들이며, 이번 여행은 우즈베키스탄 정부의 인정을 받은 원정이고, 이 일은 국제적인 행사이며, 따라서 우리들 가운데 한 사람도 다른 사람에게 신분증을 보여줄 필요가 없다고 주장했다. 그렇게 하고 나서 그는 즉시 무선 통신기를 이용해서 우리보다 앞서 가거나 뒤에서 오는 다른 대원들에게 이런 사실을 알려주곤 했다. 그는 놀라울 정도로 자존심이 강했고, 항상 말을 할 때마다 이슬람 카리모프라는 단어를 빼놓지 않았다. 그렇게 하고 나면 경찰은 항상 이렇게 말했다.

"가도 좋소!"

레지스탄 광장에서 벌였던 쇼는 완전히 실패로 끝나고 말았다. 메드레세(Medresse) 박물관장은 우리의 낙타들이 광장에 들어오는 것을 원치 않았다. 그는 낙타들이 광장을 더럽혀놓을 것이라고 했다. 우리는 그에게 우리가 주지사의 손님들이며, 이 광장은 전통적으로 낙타들을 매두던 장소라고 이야기하고, 그 증거로 광장에 서 있는 카라반 동상을 가리켰다. 그 관리의 반응이 흥미로웠다.

"동상은 광장을 더럽히지 않소."

그렇게 말하고 그는 한 마디 더했다.

"당신네 나라에서는 동물들이 모스크에도 들어갑니까?"

물론 들어간다. 예를 들면 고양이들은 모스크 마당에서 배회한다!

그때 예기치 않던 일이 벌어졌다. 우리 살아있는 낙타들이 어슬렁거리다가 자신들과 너무도 닮은 동상 낙타에게 가까이 다가가게 되었을 때 녀석들은 너무나 놀라 더 이상 접근을 하려고 하지 않았다. 예술적인 이 조각 작품은 육봉이 하나이고 다리가 긴 아랍 낙타로 실물보다 훨씬 더 크게 만들어놓은 것이었다. 이상하게 생긴 카라반을 본 우리 낙타들은 당황했고, 우리는 이 두 종류의 낙타를 멀리 떼어놓고 촬영을 해야 했다.

당시 터키의 한 건설 회사는 영국 기업과 합작하여 사마르칸트에 담배 회사를 건설 중이었다. 그곳에는 거의 400명에 달하는 노동자들과 엔지니어들이 일하고 있었다. 그들

실크로드가 살아 있던 시절에 팔레스타인으로부터
중앙아시아로 이주해온 유대인 상인들의 자손들을 찾아볼 수 있다.
이 유대인 후손들은 지금도 부하라에 있는
역사적인 회당에 모여서 구약성서를 읽고 있다.

은 또한 그 도시 중심가에 '클럽하우스'를 열고 거기서 쉬기도 하고 마음대로 드나들기도 했다. 우리는 그 클럽 신년 파티에 초대를 받았다. 그 해는 1997년이었고, 그 날의 노래는 「마카레나(Macarena)」였다. 마카레나를 스무 번째 쯤 연주할 무렵 우리는 호텔로 돌아왔다. 호텔에서 우리는 몇 시간 동안 내가 오랫동안 궁리해오던 타임머신 아이디어를 가지고 이야기를 나누었다. 새해의 태양이 모습을 드러낼 때까지 우리는 그 기계가 어떻게 작동해야 할 것인지에 대해 계속 이야기를 이어갔다.

우리는 이렇게 결론을 내렸다. 달팽이 모양의 그 기계는 시간의 모든 비밀을 풀어낼 수 있을 것이다. 우리가 제안한 이론에 따르면 인간의 긴 역사 동안에 발생한 사건들, 전쟁, 대화, 제국의 흥망성쇠, 이런 모든 사건들은 집 없는 달팽이의 형태로 되어 있는 대기권 안으로 들어간다. 이런 소극적인 시간의 궤적들은 대기권 안에 남아서 소리의 파장처럼 움직이면서 절대로 파괴되지 않고, 우주 공간 안에서 떠다니고 있다. 이런 파장들을 쫓아서 더 빠른 파장들을 보내게 되면 우리는 그 파장들을 우주 공간 깊은 곳에서 따라잡을 수 있을 것이고, 그것과 동일한 궤적들을 이용하여 그것을 우리 타임머신의 뇌 안으로 불러들여서 붙잡을 수 있을 것이다. 그렇게 되면 우리는 간단한 데이터 처리 프로그램을 이용하여 그 궤적들의 값을 구한다. 예를 들자면 우리는 칭기즈 칸이 사마르칸트를 정복하고 파괴한 방법을 지켜볼 수도 있고, 그의 소리를 들을 수도 있게 될 것이다.

그날 아침 우리가 발견한 내용을 무랏과 팩스턴에게 이야기해 주었다. 그들은 도무지 무슨 말인지 모르겠다는 듯 우리를 이상한 눈으로 바라보았다. 더 나아가 우리가 그런 초과학적인 문제를 가지고 머리를 싸매고 있는 동안 그들은 우리의 정신 상태가 정상인지의 문제를 가지고 머리를 싸맸다. 분명히 우리의 과학적 발견의 경계는 책의 경계를 훨씬 뛰어넘는 것이며, 아마도 언젠가는 이런 발견 사실을 다른 책을 통해서 발표하게 될 것이다. 우리가 타임머신을 만드는 바로 그날에!

우리가 새해 첫날을 이런 시간의 수수께끼를 푸는 일에 골몰하고 있는 동안, 우리 낙타들을 매어둔 호텔 마당에서 비명 소리가 들리기 시작했다. 우리는 애써 태연한 척하면

서 계단을 내려갔다. 마당에서 어떤 일이 벌어지고 있는지 알고도 남을 것 같았다. 우리는 사마르칸트에 와서 처음으로 낙타 오줌이 상당히 소중한 것임을 알게 되었다. 사람들은 플라스틱 양동이를 들고 우리 낙타들 주변에 몰려들어 실크로드 때부터 있어 왔던 전통을 모방한 '낙타 오줌 받기'에 애를 쓰고 있었다. 민간 신앙에 따르면 낙타 오줌 안에 있는 강한 암모니아 성분이 갖가지 피부 질환에 탁월한 효험이 있다고 한다.

하지만 이 마을 사람들은 다리가 긴 단봉낙타에 더 익숙해 있었다. 우리 낙타들은 다

리가 짧은 쌍봉낙타였기 때문에 마을 사람이 빨간 플라스틱 양동이를 낙타의 무릎 사이에 놓으려고 하면 낙타들은 펄쩍펄쩍 뛰었다. 녀석들은 몽골의 스텝 지대에서 자라던 버릇이 있어서 이런 일이 벌어지면 신경질적으로 발길질을 했다. 비명소리가 들린 것은 사마르칸트의 어떤 주민이 낙타에게 발로 차였다는 의미다. 우리는 호텔 마당으로 몰려드는 사람들에게 물러나라고 말하고 낙타 발에 차이면 죽을 수도 있다고 경고했다. 아직 차여 보지 않은 사람들은 우리의 경고를 무시하고 낙타 오줌을 받을 차례가 오기만을 끈질기게 기다리고 있었다. 낙타들은 오줌을 자주 누지 않기 때문에 사람들은 오래 기다려야 했다. 사막에는 물이 귀하며, 따라서 이 낙타는 자신들의 체액을 아주 아껴서 사용하는 특별한 기능

을 발전시켜왔다. 실제로 낙타의 몸 안에서는 이미 처리한 물을 다시 사용하는 시스템을 가지고 있다. 낙타의 오줌이 농도가 상당히 높은 암모니아를 함유하게 되는 것은 아마도 이런 이유 때문일 것이다.

우리가 부하라 방향으로 출발하기로 예정된 날 아침 이른 시간에 호텔 마당에 내려와서야 이틀 전에 있었던 비명 소리의 비밀을 풀 수 있었다. 몇몇 꾀가 많은 사마르칸트

주민들은 무랏과 내가 골몰해 있던 '타임머신'만큼이나 중요한 장치를 발명해냈다. 그들은 플라스틱 물병을 잘라서 거기에 긴 막대 손잡이를 달았다. 그렇게 하여 그들은 낙타에 가까이 가지 않고도 오줌을 받을 수 있게 만들었다. 우리는 웃음을 터뜨리며 달려가서 카메라를 가지고 와 그 기막힌 발명품을 다음 세대들을 위하여 기록하였다.

사마르칸트에서 부하라로 이어지는 다음 여정은 우리의 전 여정에서 가장 단조롭고 지루한 길이었다. 우리는 그 길을 가는 동안 가정집들에 들러서 양이 많은 필래프나 면실유로 조리한 만두 같은 음식들을 먹었는데, 그런 식사들에 대해서 사람들은 돈을 요구하지 않았다. 그러나 우리의 낙타들이 밤에 먹는 건초에 대해서만큼은 돈을 지불해야 했다. 이 여정이 단조로웠던 것은 아마도 엄격하게 남녀를 구별하는 그곳의 습관 때문이 아니었나 싶다. 우리가 머무는 모든 가정집들에서는 여성들이 음식 접시를 문 앞에 갖다 놓고 가는데(아나톨리아의 많은 가정들에서는 오늘날까지도 그렇게 한다) 우리는 절대로 그 여성들의 얼굴을 볼 수 없었다. 나머지 밤 시간도 내내 마찬가지였다. 우리는 그 집안의 남자들과 함께 식사를 했는데, 이야깃거리도 그리 많지 않았다. 우리는 텅 빈 벽을 보며 졸다가 결국 아직 이른 저녁 시간인데도 밖으로 나가서 눅눅한 침낭 속으로 기어들어가 잠을 청하곤 했다.

천산 산맥에서 키르기스스탄 사람들의 생활은 아주 가난했지만 생기가 있고, 잔치와도 같았다. 산골 마을에서 살아가는 자존심이 강하고 아름다운 키르기스스탄 사람들은 때로는 온 마을이 한 자리에 모여서 밤새도록 마나스의 전설을 노래하곤 했다. 한 손에는 발효시킨 밀로 만든 술 보자(boza)나 발효시킨 말젖으로 만든 크므즈, 혹은 보드카를 들고 함께 양고기를 뜯기도 했다. 할리우드 영화에 나오는 몽골 도둑떼들이 즐겁게 놀듯이 우리는 함께 모여 날이 샐 때까지 키르기스스탄의 노래들을 부르곤 했다. 키르기스스탄

▶ 우리가 여행을 시작한 이후로 우즈베키스탄에서 겪었던 것과 같은 사고는 처음이었다. 지역민들이 우리 낙타 오줌을 받으려 한 것이다. 낙타 오줌은 피부병에 효험이 있다고 한다.

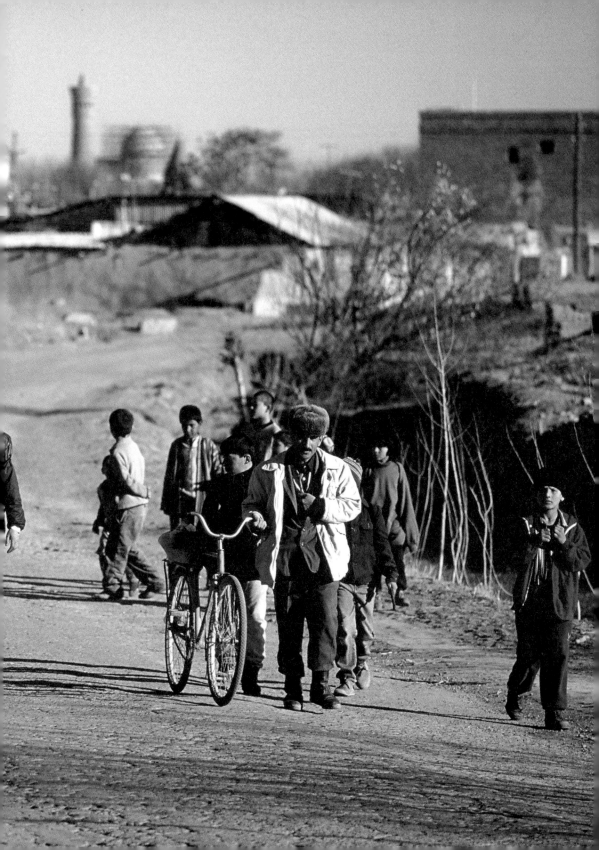

가장들은 남녀노소 할 것 없이 모두 말을 타고 마을 동구 밖까지 따라와 우리를 배웅해 주었다. 우리가 밤새도록 함께 즐겼다는 이유 때문에 그들은 우리를 아주 특별하게 생각했고, 우리도 마찬가지였다.

반면 우즈베키스탄 사람들의 생활이 단조로운 것은 그들이 살아가고 있는 환경을 반영하는 것이라는 생각도 들었다. 아랄 해(Aral Sea)로 흘러들어가는 아무다리야 강(Amu Darya)과 시르다리야 강(Syr Darya)을 따라서 걷는 길은 나무도 없는 불모의 평원이었다. 이것은 아마도 인류 역사에서 가장 큰 환경 재앙이었을 것이다. 불확실한 이념이 온 나라를 거대한 목화밭으로 바꾸어 놓았고, 그 나라 주변에 있는 자연 생태계를 망가뜨린 흰색과 검은색으로 이루어진 광활한 대지는 마치 그 사회의 생활을 보여주는 것 같았다. 획일적인 작물 시스템과 원시적인 화학 비료가 땅을 독 구덩이로 바꾸어 놓은 것이다. 길을 걷는 동안 내내 눈에 들어오는 것이라고는 석회석과 소금으로 이루어진 죽어버린 황무지였다. 우리가 묵었던 다른 농장의 마당에는 꽃 한 송이, 과실나무 한 그루도 찾아볼 수 없었다. 지독하게 보수적인 아라비아 이슬람교로 인해서 사막의 베두인족(Bedouin)은 한때 기름졌던 이 평원의 심장부로 이동하여 이전의 화려했던 그들의 정체성을 완전히 잃어버리게 되었던 것이다.

우리는 부하라로 들어가면서 팩스턴의 미국인 여자 친구 미셸(Michel)과 이스탄불에서 온 무랏의 여자 친구 에스라(Esra), 프로젝트 상담 인류학자 네발 세빈디(Nevval Sevindi), 그리고 터키 E채널 방송의 카메라맨 카안 바트베키(Kaan Batıbeki)와 동행하게 되었다.

우즈베키스탄 당국자들은 소련으로부터 독립을 쟁취하면서 타슈켄트의 이데올로기 신봉자들에게 떠밀려서 역사상 가장 잔인했던 독재자 타메를란을 '민족의 아버지'로 선택하였다. 전국 방방곡곡에 있는 광장들에는 도서관들을 불사른 것으로 기억되고 있는 역사적 인물인 '아미르 티무르(Amir Timur)'의 동상들이 이전의 스탈린 동상들을 대신하여 거대하고 흉물스럽게 서 있었다. 스탈린 동상들을 녹여서 그것을 다시 타메를란의 동상으로 주조한 것은 아마도 돈이 부족했기 때문이었을 것이다. 물론 같은 종류의 지도자들을 같은 반죽으로 만들어낸 것이 그리 이상한 일은 아니었지만!

3년 전에 나는 이스탄불에서 네잣, 무랏과 팩스턴에게 러시아에서 출판된 우즈베키스탄에 관한 책을 한 권 보여준 일이 있었다. 그 책에는 성채 사진이 한 장 실려 있었는데, 그 때 그들에게 했던 이야기가 생각났다.

"보게, 우리가 카라반을 이끌고 부하라로 들어갈 때 바로 이 문을 지나게 될 거야."

이제 우리 카라반은 실제로 그 문을 지나고 있었다. 나는 네잣에게 내가 오랫동안 꿈꾸어오던 일을 하게 되어 정말 기쁘다고 말했다. 우리는 전설적인 부하라 아미르의 영접을 받지는 못했지만, 주지사와 시장과 기자들, 그리고 호기심에 가득 찬 구경꾼들의 영접을 받았다. 민족 전통 의상을 차려입은 러시아와 우즈베키스탄 소녀들은 정말 매혹적이었다. 소녀들은 각기 꽃다발을 들고 있었다. 바로 옆에는 많은 관악기들과 드럼을 갖춘 밴드도 있었다. 터키 국기와 우즈베키스탄 국기가 사방에 둘려져 있고, 모스크바와 타슈켄트에서 온 텔레비전 방송팀이 우리와 인터뷰를 했다. 우리가 잘 알지도 못하는 중요한 인사들이 나와서 연설을 했고, 우리는 그들이 무슨 말을 하는지 대부분 알아들을 수가 없었다. 우리처럼 여러 달 동안 사막과 산악 지대를 여행한 사람들에게 가장 절박한 일은 두말할 나위도 없이 꽃다발을 들고 우리를 환영 나온 소녀들의 전화번호를 알아내는 일이었다. 나는 후에 네발 세빈디와 함께 그곳에 있는 터키 학교에 찾아갔다. 그녀는 그 학교의 수준 높은 교육과 학교 설비들을 보고 깊은 감동을 받은 것 같았다.

우리가 부하라에서 방문한 다른 곳은 '부하라 유대교 회당'이었다. 여기에 모이는 자들은 터키어를 사용하는 사람들(물론 그들은 고대 히브리어도 계속 사용하고 있었다)로 대부분 팔레스타인에서 이주해 와 그곳 주민들과 섞여 살고 있었다. 그러나 그들은 또한 꼬박 4천 년 동안 자신들의 전통들을 지켜가고 있었다. 특히 그들만의 독특한 음악 양식들을 잘 보존하고 있었다.

우리 낙타들이 쉬고 있는 동안 우리는 밴을 한 대 빌려서 키바(Khiva) 시로 갔다. 우리는 그곳에서 도시의 성채 안에 있는 아주 안락한 2층짜리 게스트하우스에서 묵었다. 키바는 카슈가르와 마찬가지로 그 나름대로의 정체성을 잘 보존하고 있는 중앙아시아의 한 도시이다. 손님들을 사마르칸트로 떠나보낸 후에 우리는 부하라의 좁다란 길을 따라서 돌아왔다. 그 길은 오랜 세월 동안 수많은 카라반들이 지나가는 것을 지켜보았으리라. 이제 우리는 투르크메니스탄으로 떠날 차례이다. 어느 날 저녁 막 어두움이 내리고 나서 우리는 아무다리야 강 부교를 타고 건너서 계속 길을 갔다. 이제 우리는 호라산(Khorasan)에 서 있다. 아나톨리아 아시아의 맨 끝자락……

투르크메니스탄
Turkmenistan

Turkmenistan

투르크메니스탄 국경에서 우리는 전혀 새로운 일을 경험했다. 그것은 세관 직원들의 횡포였다!

국경 세관 건물은 이란과 터키의 트럭 운전사들이 몰려 있었지만, 투르크메니스탄 세관 직원은 우리의 여권을 '세월아 내월아' 하고 느릿느릿 들여다보고 있었다. 그는 우리 모두 한 사람 한사람에게 일일이 투르크메니스탄에는 왜 왔으며, 촬영을 하려고 하는 것이 정확하게 무엇이며, 누구를 만나려고 하는지, 어디서 묵을 것인지를 꼬치꼬치 캐물었다. 이때쯤 우리는 모두 어느 정도는 그 지역 방언을 알고 있었고, 그래서 나는 우리가 '형제'의 나라에서 왔고, 우리의 공통의 역사의 잔재들을 취재하러 왔으며, 고대 실크로드를 답사할 것이라고 설명했다. 그는 내가 말하는 것을 전혀 무슨 말인지 이해하지 못했다. 그래서 나는 간단히 요약해서 우리는 역사가들이고 사진가들이라고 이야기했다. 그가 우리에게 누구를 만날 것이냐고 묻는 말에 나는 쉴레이만 데미렐 대통령이 '투르크메니스탄의 대장'인 그들의 대통령 사파르무라트 니야조프(Saparmurat Niyazov)에게 보내는 친서를 보여주면서 우리는 그를 만나러 아슈하바드(Ashgabad)로 갈 것이며, 그에게 터키 대통령이 보내는 그 친서를 전달할 것이라고 말했다. 그 말을 듣고 세관 직원들은 폭소를 터뜨렸다.

우리는 외모로 보나, 밖에 매어둔 여섯 마리 낙타로 보나 완전히 중세 모슬렘 탁발승 꼴이었다. 우리는 축축한 눈길을 여러 날 걸어왔고, 사기는 떨어질 대로 떨어져 있었다. 우리 모두 거의 쓰러지기 직전이었던 것이다. 트럭 운전사들이 우리가 너무 안 돼보였는지 아제르바이잔(Azerbaijan)의 한 운전사가 관리들에게 사정을 해주었다.

"이 불쌍한 친구들 그만 보내주고 더 이상 웃음거리로 만들지 말아요."

그 건물은 분명히 구소련 시대의 유물로 조잡하게 지어져 있었고, 이 나라가 독립을 했다는 것을 말해주는 유일한 증거는 벽에 걸린 사진 한 장이었다. 관리의 얼굴을 보니 그의 표정은 꼭 전직 KGB 관리처럼 엄격하고 무표정하기만 했다. 그는 데미렐 대통령의 친서를 훑어보더니 가짜라고 생각하는 게 분명했다. 그는 아무 말 없이 그 편지를 우리에게 돌려주고 낙타들에 대해서 묻기 시작했다.

"낙타가 몇 마리나 됩니까?"

"여섯 마리요."

"예방접종은 했소?"

"했습니다."

"당신들 짐은 무엇이요?"

"개인 짐들과 카메라, 그리고 침구들입니다."

"낙타들의 이름은 어떻게 되오?"

낙타들의 이름이라고??!

여행을 하는 동안 이런 일은 처음이었다. 관리가 낙타의 이름을 묻다니! 이것은 그가 낙타를 우리 카라반의 빼놓을 수 없는 중요한 부분으로 생각하고 있다는 증거였고, 우리는 그의 질문에 대답할 수 있다는 것이 기분이 좋았다. 라스타, 디노, 쉬슬뤼, 크날르, 바르간, 리…… 그 질문에 대답을 하는 사이 여행하는 동안 잃어버린 지토, 사미, 뷔윅 베야즈(빅 화이트), 카라괴즈가 떠올랐다. 우리는 대가족이었고 낙타는 우리들의 자식이었다. 그러나 우리가 낙타들에 대해 가졌던 애정이 이 쓰러져가는 정부 건물에서는 아무런 의미가 없다는 것이 곧 드러나게 되었다. 관료다운 차가운 눈빛으로 우리 앞에 서 있던 그 투르크멘족은 결정타를 날릴 채비를 하고 있었다. 그는 뒤에 걸려 있는 더럽고 누런 종이를 찬찬히 살펴보았다. 종이는 러시아어, 페르시아어, 투르크메니스탄 터키어

(Turkmen Turkish), 터키 터키어(Turkey's Turkish)로 칸이 나뉘어져 있었다. 그는 종이를 보다가 갑자기 우리를 향해서 이렇게 말했다.

"낙타 한 마리는 트럭 한 대와 같은 것이오. 낙타 한 마리당 '미화' 150달러씩이요."

나는 폭발 직전이었다.

"이보시오, 우리는 이 나라 대통령의 특별한 손님들이오. 이 낙타들은 화물 트럭이 아니란 말이오. 녀석들은 역사의 한 부분으로 우리와 함께 여행 중이오. 당신네 정부도 우리에 대해서 알고 있소!"

"몇 주 안에 우리는 낙타들을 메르브(Merv)로 보낼 것이고, 아슈하바드로 가서 투르크메니스탄 대통령을 만날 것이오. 내가 돈을 내겠지만 영수증은 꼭 받아야겠소. 영수증에는 당신의 이름을 쓰고 서명하고, 이 돈이 낙타들에게 매긴 돈이라는 것도 명기해주시오."

이번에는 내가 이겼다. 몇 시간 동안 말없이 듣고만 있던 다른 관리들이 모여서 머리를 맞대고 뭔가 수군수군 이야기를 주고받았다. 나는 그들이 무슨 말을 하고 있는지 짐작은 물론이고 그들이 하는 말의 대부분을 알아들을 수 있었다.

"이봐, 이게 정말 역사적인 원정이고 저자들이 진짜 아슈하바드로 가서 사파르무라트 대통령을 만나 이 서신을 전달한다면 우리들 목이 날아갈 거야. 그냥 보내주지."

투르크메니스탄 관리들은 우리가 서명을 해달라고 요구하자 사태가 심각하다는 걸 깨닫고 우리를 통과시키기로 했다.

한 달 후, 우리는 데미렐 대통령의 서한을 아슈하바드에 있는 투르크메니스탄 대통령에게 전달하고, 그 다음날 나는 그 사건을 문화부 장관에게 상세히 이야기했다. 그는 화가 나서 얼굴을 붉히면서 이렇게 말했다.

"내가 지금 당장 그놈들에게 전화를 걸어서 해고해 버리겠소!"

그는 고래고래 소리를 질렀다. 하지만 우리는 다 알고 있었다. 그가 공연히 허세를 부리고 있다는 것을……

투르크메니스탄 독립 이후 초대 대통령인
사파르무라트 니야조프의 초상이 들어간 전통적인 터키 양탄자.
직공들은 양탄자에 대통령을 영원히 기념하기 위해서
그의 초상을 짜 넣었다.

투르크메니스탄은 사막의 나라이고, 우리가 여정 첫 달에 만났던 고비 사막과 타클라마칸 사막을 지나온 이후로 가장 큰 사막의 본고장이다. 이곳은 살벌한 카라쿰 사막 (Karakum Desert)이다. 불행 중 다행인 것은 우리가 이 사막을 겨울에 지나간다는 사실이었다. 어느 날 저녁 우리는 역사에서 그렇게 자주 언급되는 아무다리아 강의 녹슨 부교를 건넜다. 이제 카라쿰 사막의 여정이 시작되고 있었다. 생명의 흔적이라고는 전혀 찾아볼 수 있는 이 광대한 사막이 어떻게 해서 역사에서 가장 부유했던 제국들 가운데 하나의 터전으로 선택되었는가 하는 이유는 아직까지도 알려지지 않고 있다. 이 지역은 알렉산더 대왕에 의해서 정복되었고, 그가 도시들에 붙였던 이름은 이곳에 아직도 남아 그의 역사적 존재를 기억하게 해준다. 그러나 투르크메니스탄 역사가들의 기록에 따르면 그 지역은 2천 년이라는 긴 세월 동안 페르시아 사람들의 영향력 아래 있었다고 한다. 이 조로아스터교 신봉자들(불의 숭배자들)은 한때 그곳에 있었다고 역사가 말해 주고 있는 숲을 파괴하고 제사를 지내기 위해서 나무들을 불태웠다고 한다.

오늘날 이 지역에 거주하는 사람들은 실제로 몇 세대 전만 하더라도 유목민들이었다. '투르크멘(Turkmen)'이라는 말은 투르크(Truk)와 '멘(men : 터키어로 '나'를 의미)'이 결합된 말인데, 이는 '나는 투르크 사람'이라는 뜻이다. 알렉산더 대왕이 건설했다는 중앙아시아 도시들 가운데 하나인 메르브라는 도시를 향해 가면서 우리는 교통 표지판 하나를 발견했다. 그 표지판은 특별히 의미가 있는 것이었다.

"주의 : 낙타들을 조심하시오."

그 표지판에는 단봉낙타가 그려져 있었다. 그래서 우리는 그 표지판이 우리의 쌍봉 낙타들에게는 해당이 되지 않는다고 생각했다.

차르주(Charcu)는 우즈베키스탄 국경을 건넌 이후로 처음 만나는 도시였다. 그 지역으로 들어서자 우리에게는 투르크메니스탄 관광청에서 관리 한 사람이 배당되었다. 그는 자하르 무랏(Cahar Murat)이라는 사람으로 우리의 자원 봉사 가이드가 되었다.

우리 카라반이 아직 국경 근처에서 머물고 있을 때 자하르 무랏이 찾아왔다. 그 날은

터키의 전통적인 스포츠 부스카쉬.
키르기스스탄 사람들이 부즈카쉬라고 부르는 이 경기는 말을 타고
승마 기술을 겨루는 격렬한 스포츠이다.
기수는 말에서 떨어질 경우 말발굽에 밟혀서 목숨을 잃을 수도 있다.

몹시 추웠고, 진눈개비가 내리고 있었는데, 그가 트렌치코트의 깃을 세우고 있는 모습이 마치 투르크메니스탄의 험프리 보가트 같았다. 자하르 무랏은 우즈베키스탄 관광청에서 그에게 전화를 걸어서 우리의 원정에 대해 이야기를 해주었다고 말했다. 당시 우리는 아직도 잿빛 공장들이 들어서 있어서 스탈린 시대의 잔재가 남아있는 그 지역을 한시라도 빨리 벗어나고 싶었다. 그 도시는 아마도 우리가 중앙아시아에서 본 도시들 가운데서 가장 암울한 도시였을 것이다. 하지만 자하르 무랏은 우리의 계획을 무산시켰다. 먼저 그 지역 행정장관을 만나야 했고, 다음으로는 그 지역 섬유공장들의 관리자 중 한 명을 만나야 했다. 우리는 그 지역 언론사 기자들과 공장들을 시찰했지만, 50년도 넘은 낡은 방직기계에서 나오는 엄청난 소음은 도저히 견딜 수가 없었다. 이곳의 젊은 여성 직공들은 호탄에서 머무를 때 시원한 뽕나무 그늘 아래서 나무 베틀에 앉아 베를 짜고 있던 위구르 아가씨들보다는 훨씬 덜 행복해 보였다. 이곳 투르크메니스탄의 실크는 품질은 아주 좋지만, 시대에 뒤떨어지는 디자인과 조잡한 색상의 옷감을 누가 쓰기나 할까 하는 의구심이 들었다.

이 나라에는 분명 신선한 바람이 필요한 것 같았다. 이곳 사람들도 그런 사실을 잘 알고 있었지만, 그런 바람이 어느 방향에서 불어와야 할지 확신을 가진 사람은 아무도 없는 것 같았다. 투르크메니스탄의 북부에서 우리는 현대식 방직공장을 운영하고 있는 많은 터키 기업인들을 만났고, 그것은 변화가 일어나고 있다는 증표였다.

또한 투르크메니스탄은 이란과 국경을 길게 접하고 있어서 페르시아의 영향을 분명하게 찾아볼 수 있다. 두 문화 사이에는 눈에 보이지 않는 경쟁이 이루어지고 있었지만, 터키 사람들은 공동의 언어를 사용하고 있다는 유리한 점을 가지고 있다. 투르크메니스탄에서 사용하는 터키어는 키르기스스탄이나 우즈베키스탄에서 사용하는 말보다 터키어에 더 가깝다.

우리는 낙타들을 메르브 근처, 이란 국경 인근의 세락스(Seraks)라는 도시에 두고, 우리가 가젤(Gazel : 영양)이라고 부르는 캔버스 천으로 덮은 트럭을 타고 친서 전달식을 하기 위해서 아슈하바드로 출발했다. 트럭은 우즈베키스탄에서 구입한 것이다.

카라쿰 사막의 모래언덕은 아득히 눈길이 닿는 곳까지 뻗어 있었다. 우리가 가는 길은 종종 두 갈래 혹은 세 갈래의 갈림길이 나왔는데, 도로 표지판이라고는 눈을 씻고 찾아도 보이지 않았다. 길을 묻기 위해서는 다른 차가 지나가기를 기다려야 했다. 20km 마다 우리는 또 다른 간판을 보았다. 새로 페인트를 칠해서 색상이 화려한 간판들에는 '가라쉬시즈(Garaşsiz : 독립) 투르크메니스탄!' 혹은 '투르크멘바쉬(Turkmenbaşi : 투르크멘 대장) 투르크메니스탄!' 또는 '할크, 바탄, 투르크멘바쉬(Halk, Vatan, Turkmenbaşi : 인민, 국가, 투르크멘 대장)!'이라고 기록되어 있었다. 이런 간판들에는 사파르무라트 니야조프 대통령의 얼굴도 그려져 있어서 그의 얼굴이 곧 낯이 익게 되었다. 간판의 양편에는 독립 투르크메니스탄의 국기가 그려져 있었는데, 야하게 색색의 양탄자 디자인으로 장식되어 있었다. 투르크메니스탄 사람들이 독립을 기뻐하는 것만은 분명한 것 같았다.

우리가 아슈하바드로 가는 도중에 만난 투르크메니스탄 관광청에서 나온 관리들이 이미 시내에 5성급 호텔을 예약해 두었다고 이야기했다. 어떻게 그들은 1년 반 동안이나 여행을 해온 우리가 그런 5성급 호텔에 묵을 수 있는 여유가 있다고 생각한 것일까! 우리는 사막에서 천막을 치고 자는 것에 이골이 나 있었기 때문에 그들의 제안을 거절했다. 대신 중앙아시아 여행 안내서를 뒤져서 그 도시에서 새로 개장한 가족 펜션을 알아보았다. 우리의 선택이 옳았다. 우리와 같은 펜션에 머무르던 가족이 아직 짐도 풀지 못한 우리를 저녁 식사에 초대한 것이다.

투르크메니스탄에서는 할 일이 아주 많았다. 무엇보다도 먼저 우리는 터키 대사관을 찾아가서 대통령과의 약속을 잡아두어야 했고, 그 다음으로 투르크메니스탄의 '사막 시장(Desert Market)'을 촬영할 계획을 세웠다. 그곳은 중앙아시아 지역에서는 가장 화려하고 생기가 넘치는 시장이다. 우리는 또한 알렉산더 대왕이 처음 보자마자 눈독을 들여 갖고 싶어 했다던 그 유명한 아칼—테케 말(Akhal-Teke Horses)을 보고 싶었다. 다른 모래 지역에서 열리기로 되어 있는 개 레슬링 쇼도 빼놓을 수 없었다. 우리가 '할 일(to do)' 목록 가운데 또 한 가지는 세계에서 가장 큰 수제품 양탄자의 사진 촬영을 허가받는 일이었다. 그 양탄자는 양탄자 박물관에서 전시되고 있었다. 마지막으로 또 한 가지 투르크메니스탄에서 꼭 하고 싶은 일이 있었다. 지금까지 여행을 해오면서 잃어버린 낙타 네 마리를 보완하기 위해서 잘 훈련된 쌍봉낙타 네 마리를 사고 싶었다. 결국 우리가 가장 꿈꾸고 있는 환상은 터키에 입성하는 것이었다. 우리 고국 터키가 이란 땅 저쪽 편에서 우리가 처음 출발했을 때의 그 모습처럼 길고 웅장한 카라반을 기다리고 있지 않은가! 그러나 이렇게 많은 '할 일'의 목록 가운데 우리는 한 가지밖에 이룰 수가 없었다. 대통령을 만나는 일이었다.

처음으로 실망한 것은 쌍봉낙타를 전혀 찾아볼 수 없다는 사실이었다. 투르크메니스탄 어디를 가보아도 단봉낙타 밖에 보이지 않았다. 우리는 아슈하바드 근처에서 단봉낙타들을 보기는 했지만, 마음은 오로지 쌍봉낙타에만 가 있었다. 우리는 대통령과의 약속을 잡아주기로 한 대사관의 연락을 기다리는 동안 시간을 더 낭비하지 말고 쌍봉낙타들이 있다는 북부 지역으로 가 보기로 했다. 그곳에 가 보았지만 누구 한 사람 속 시원한 이야기를 해주는 사람이 없었다. 사람들이 우리에게 들려주는 대답은 한결같았다.

"그렇습니다. 여기서도 쌍봉낙타가 사용되기는 했어요. 하지만 그렇게 많이는 찾을 수 없을 거요. 물론 카스피 해 둑을 따라서 가면 북쪽 카자흐스탄족들이 가지고 있기는 할 거요."

투르크메니스탄에서 북부로 더 올라가자 풍경은 최악이었다. 그곳은 나무 한 그루 찾아볼 수 없고, 땅의 이곳저곳에서 석유와 그밖의 독극물이 솟아올라오고 있는 것만 같았다. 카스피 해 연안 도시의 주민들, 특히 투르크멘바쉬와 네빗다으(Nebitdağ : 석유 산 Petrolium mountian) 도시의 주민들은 한때 누리던 삶의 기쁨을 잃어버리고, 얼굴에는 불행의 그림자만 드리워져 있었다. 투르크메니스탄 사람들은 여름에 나무들이 그늘을 만들어서 햇빛을 막아준다는 것을 모르고 있거나 아니면 자존심 때문에 오랜 세월 동안 잘못 사용하여 돌처럼 딱딱하게 굳어버린 땅에서 일하는 것을 용납하지 못하는 것 같았다.

키르기스스탄에서는 키르기스스탄 사람들이 흙에서 일하는 고려인들이나 중국계 퉁간 (Tungan) 사람들을 비웃는 것을 본 일이 있었다. 이런 정서는 아마도 칭기즈 칸의 몽골 군대에 뿌리를 두고 있을 것이다. 농사를 짓는다는 것은 정착을 한다는 것을 말하며, 말을 타지 않는 사람들이나 싸울 줄을 모르는 사람들은 나약한 사람들이거나 겁쟁이들로 간주되고 있었다.

마침내 북쪽 먼 곳에 이르자 죽어 있는 모래 바다가 끝나고 푸른색이 보이기 시작하고, 생생하게 살아 있는 광활한 초원이 눈에 들어왔다. 카자흐스탄 국경 근처에 이르자 사람들은 우리에게 국경 저편이 카자흐스탄이라고 이야기하고, 쌍봉낙타를 기르는 사람들은 투르크메니스탄 사람들이 아니라 카자흐스탄 사람들이라고 했다. 다른 대안이 없었다. 우리는 카자흐스탄으로 들어가야 했다. 우리는 결국 국경 관문으로 접근했다. 그 관문은 평생 다시는 보고 싶지 않은 곳이었다. 카자흐스탄와 투르크메니스탄 사이에 있는 더러운 국경 도로 옆에 있는 건물은 초라하기 짝이 없고, 훨씬 더 낡아빠진 트럭들이 몰려 있었다. 카자흐스탄으로 들어간 이후 우리는 푸른 초원 지대 20km를 한 시간 동안 달려갔고, 그제야 세관 직원이 가르쳐준 농장에 이르게 되었다.

그때 우리는 정말로 무모한 일을 했다는 것을 알게 되었다. 애석하게도 100여 마리나 되는 쌍봉낙타들 가운데서 훈련을 받은 낙타는 단 한 마리도 찾을 수가 없었다. 알고 보니 카자흐스탄 사람들은 낙타를 훈련시켜서 짐을 운반하거나 타지 않고, 오로지 고기를 먹기 위해서 식용으로 기르고 있었다. 이런 초원 지대에서는 낙타보다 더 빠르고 다루기 쉬운 말을 운송 수단으로 쓰고 있었다. 우리들 중 어두움이 내리면서 불기 시작한 찬 바람에 신경을 쓰는 사람은 아무도 없었다. 추위를 느끼기에는 발등에 떨어진 불이 너무 급했던 것이다. 우리는 수백 마리의 낙타들이 노천 우리로 쫓겨 들어가는 것을 말없이 지켜보았다. 아마 그때 우리 모두는 동시에 같은 생각을 하고 있었을 것이다.

'집에 가고 싶다. 집이 너무 그리워!'

우리는 그날 밤을 한 카자흐스탄 가정에서 묵었다. 운이 좋게도 그들은 우리에게 큰

고깃덩이를 대접했다. 낙타 고기! 날이 밝아 우리는 말없이 트럭을 타고 다시 아슈하바드로 돌아와서 투르크메니스탄 대통령과 접견을 할 준비를 했다. 우리가 방 두 개를 빌린 집 주인의 딸들은 수천 킬로미터 여행길에서 더럽혀진 우리의 옷가지들을 세탁해주고 다림질까지 해주었다.

마침내 그 날이 왔다. 2월 19일, 그 날은 투르크메니스탄 대통령 사파르무라트 니야조프의 생일로 그 나라의 공식적인 공휴일이었다. 투르크메니스탄은 이 날을 '국가 공휴일'로 기념한다. 투르크메니스탄 의회는 얼마 전에 사파르무라트 니야조프 대통령에게 투르크멘바쉬라는 이름을 수여했다. 그 이름은 투르크멘의 우두머리라는 뜻으로 그 나라의 수장, 그리고 새로운 독립을 이끈 수장으로서 그의 업적을 기리기 위해서 지어준 이름이었다. 국민들이 이런 인식을 공감하도록 만들기 위해서 전국 방방곡곡, 아슈하바드의 거리거리마다, 모든 골목, 모든 광장마다 그의 사진을 붙여놓았다. 모든 사진에는 똑같은 구호가 적혀 있었다. 할크(인민), 바탄(민족), 투르크멘바쉬(투르크멘 대장)!

우리는 의식 중간에 투르크멘바쉬에게 소개되었다. 양국 모두 텔레비전으로 생중계를 하고 있었기 때문에 우리는 호송이 끝날 때까지 자리를 지켰다. 군악대가 연주를 하고 군인들이 퍼레이드를 벌이고 있는 동안, 나는 데미렐 대통령이 양가죽에 육필로 쓴 서한을 가죽 케이스에 담아 증정하면서 실크로드의 전통을 재현하려고 최선을 다했다. 대통령은 우리들과 일일이 악수를 나누고 다시 그의 친서를 주었다. 이 편지는 투르크메니스탄의 양탄자로 포장되어 있었다. 그는 우리 여행에 관하여 몇 가지 질문을 했고, 나는 우즈베키스탄에서 투르크메니스탄으로 넘어올 때 국경에서 겪었던 문제들, 세관 직원들이 우리에게 뇌물을 요구했고, 우리 낙타들을 화물 트럭 취급을 했다는 사실을 이야기할까 망설이다가 텔레비전으로 생중계 되고 있는 의식이기 때문에 이야기하지 않기로 했다.

▶ 아슈하바드 박물관에는
전 세계에서 가장 큰 양탄자를 소장 전시하고 있다.

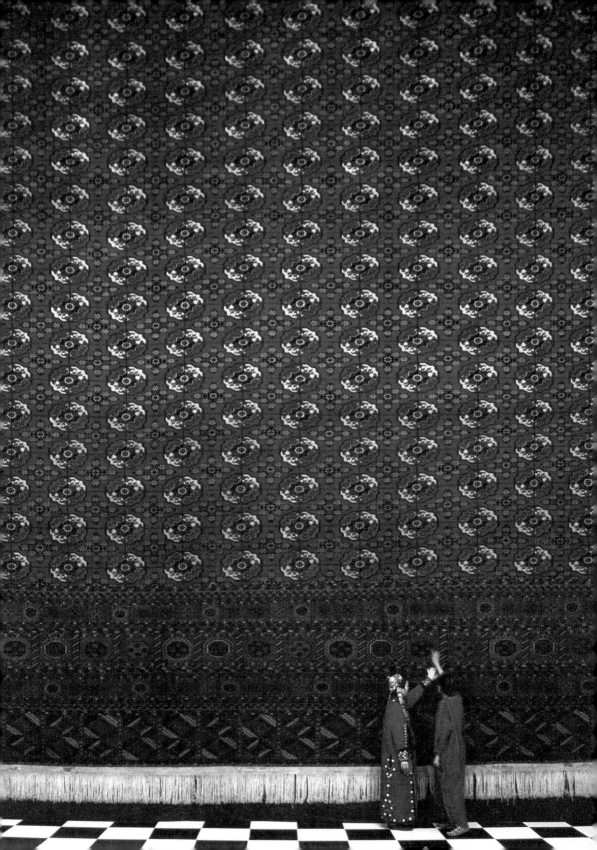

나는 그 세관 직원도 그 의식을 보고 있기를 바라는 마음 간절했다. 그리고 다음날 나는 관광청 장관에게 그런 사실들을 이야기했다.

우리는 박물관에 전시되어 있는 세계에서 가장 큰 수제품 양탄자를 촬영하고 싶다고 요청했으나 박물관장에게 거절당했다. 정말 당황스럽기 짝이 없었다. 우리는 관광청 장관에게 특별히 그 양탄자를 보고 싶고, 촬영을 하고 싶다고 이야기하고 허락을 받는데 도와달라고 부탁을 했다. 장관은 우리에게 허가를 받을 필요도 없고, 그냥 가서 보고 촬영을 하면 된다고 말했다. 하지만 도저히 믿기 어려운 일이 발생했다. 박물관을 찾아간 우리는 자수를 놓고 있는 여성을 만났는데, 그녀는 자신이 박물관장이라고 말했다. 그리고 양탄자 사진 촬영을 누구에게도 허락하지 않는다는 말도 덧붙였다. 물론 소동이 벌어졌다. 팩스턴은 이렇게 옥신각신하는 장면을 촬영하는 것을 특히 좋아했고, 무슨 즐거운 일이라도 되는 양 촬영을 했다.

그녀는 촬영을 허락하지 않는 것은 물론, 2층에 있는 그녀의 사무실에서 뜨개질 하던 바늘을 빼들고 우리 눈이라도 찌를 것처럼 삿대질을 하면서 우리를 밖으로 내쫓았다. 30여 분 후 관광청 장관에게서 호통을 당한 그녀는 아래로 내려와 새끼 고양이처럼 고분고분하게 사과를 하고 촬영을 허락했다. 이제는 우리가 큰 소리를 칠 차례였다. 만일 그녀가 그 박물관에서 일하는 아리따운 소녀들에게 투르크메니스탄의 전통 의상을 입혀 우리 앞에서 포즈를 취하게 허락해 준다면 그 일을 그냥 덮어두고 넘어가겠다고 말했다. 그녀는 즉시 우리의 제안을 받아들였다.

아슈하바드를 떠나기 전에 우리는 마지막으로 중앙아시아에서 가장 활기가 넘치는 시장인 사막 시장을 촬영할 수 있었다. 우리는 시간을 더 지체하지 않고 한시라도 빨리 이란 국경 근처 세락스에 맡겨놓은 우리 낙타들에게 돌아가고 싶었다. 그래서 우리는 '투견'만 구경했다. 투견은 이리가 공격해 올 때를 대비해서 개들을 더 거칠게 만들기 위한 일종의 싸움 훈련이었다.

이윽고 우리는 방향을 남쪽으로 돌려 이란 국경을 향했다.

아슈하바드에서 열린 전통적인 "투견".
스탈린 시대에는 금지되었으나 독립 이후에 되살아났다.
이 경기의 목적은 이리들의 공격을 물리칠 수 있도록 개들을 훈련시키는 것이다.

이란
Iran

Iran

이란 사람들은 이웃사촌인 터키 사람들에게는 비자를 요구하지 않는다. 하지만 우리 일행 중에는 미국인이 있었다. 우리는 몇 달 전 타슈켄트에 있을 때 그곳에 있는 터키 대사관을 통해 팩스턴의 비자를 신청해 놓은 상태였다. 우리는 타슈켄트에 있는 이란 대사관의 소환을 받았고, 거기서 이란 대사관 직원과 몇 시간 동안 대화를 나누었다. 우리는 이번 원정이 순수하게 문화적이고 학문적인 동기로 이루어지고 있다는 점을 설명했고, 그래서 우리 미국 카메라맨의 비자를 얻을 수 있었다. 그는 이슬람교로 개종했고, 후세인 이라는 이름도 붙였다. 이란 국경에 가까워지면서 우리는 팩스턴에게 이슬람에 관한 기초적인 지식을 전달하려고 애쓰면서 그에게 이슬람교의 신앙 고백인 켈리메 이 샤하다 (Kelime-I Şahadat)을 외우도록 가르치기 시작했다. 우리는 팩스턴에게 만일 그가 체포를 당해서 사형 선고를 받게 된다면 이것만이 유일하게 그의 운명을 구제해 줄 수 있을 것이라고 농담 삼아서 이야기했다.

나는 우리가 2개월이면 이란을 통과할 수 있을 것이고, 따라서 우리가 3개월짜리 비자를 받았기 때문에 앞으로 두 달은 여유가 있다고 생각했다. 그러나 우리가 세락스에 있는 캠프로 돌아왔을 때 이미 두 달이 지나가 버렸다는 사실을 알게 되었고, 이란에 입국하는 것과 관련한 악몽 같은 일들이 발생하기 시작했다. 세락스 시내의 국경 지역에는 이란 영사관이 있었지만 영사는 편집증적 성격을 가진 인물로 팩스턴이 이제는 후세인 이라는 이름을 가진 모슬렘이라는 사실을 잘 인정하려 하지 않았고, 비자 연장을 거절했다. 그 일은 이란 당국자들과 상의를 해봐야 하며, 그들에게 허락을 받게 되면 그때 비자를 연장해 주겠다고 말했다. 하지만 이런 과정은 최소한 2주는 걸리는 일이기 때문에 기다려야 한다는 것이다. 운이 없으려니 우리의 2개월짜리 비자는 2월 28일이 만료일이었다. 만일 2월이 아닌 다른 달이라면 우리의 비자는 이틀이 더 여유가 있었을 것이다. 우리는 이란 국경에서부터 꽉 찬 하루 일정 30km를 여행했다. 그날 밤 우리는 여행을 위한 만반의 준비를 갖추었다. 하지만 너무나 불안해서 단 한 사람도 온전히 잠을 이루지 못했다.

만일 그들이 비자가 만료되었다는 이유로 팩스턴의 입국을 허용하지 않는다면, 어느 한 사람도 그 나라에 들어가지 않고, 그 대신 항의 표시로 국경에 낙타들과 함께 캠프를 차리기로 결정했다. 그러나 우리가 들어가려고 하는 나라는 홀란드(네덜란드)가 아니고 이슬람 국가 이란이라는 사실을 잘 알고 있었다. 바로 그때 문득 우리가 무기를 가지고 있다는 사실이 떠올랐다. 우리의 무기는 키르기스스탄에서 산 것이고, 더 이상 유효한 허가서가 없었다. 우리는 테헤란(Teheran)에 도착하면 라프산자니(Rafsancani) 이란 대통령과 만나기로 되어 있었다. 결국 우리는 무기를 지니고, 비자가 만료된 미국인 카메라맨과 낙타를 끌고 사막을 통과해서 밀입국하기로 했다! 아라비아의 로렌스가 한 세기 전에 그랬던 것처럼!

우리는 모두 편집중 초기 증세를 보였다.

"신분이 의심스러운 한 무리의 터키인들이 무장을 하고 비자가 만료된 미국인과 함께 입국을 시도하려다 체포되었다! 그들은 라프산자니 대통령을 만나게 해줄 것을 요구했다!"

우리는 이미 이란 신문들에 실린 대서특필된 기사의 제목을 눈으로 보고 있는 것 같았다. 우리는 발포를 하는 군인들과 맞설 각오를 다지면서 되뇌었다.

"원정이여 안녕."

"터키여 안녕."

이곳은 중앙아시아 공국들의 경계 먼 곳이었기 때문에 국경에는 투르크메니스탄 군인들보다는 러시아 군인들이 지키고 있었고, 그래서 거기서 몇 시간을 묶여 있었다. 그들

은 우리의 짐을 수색하고자 했고, 우리의 변명은 통하지 않을 것 같았다. 우리의 목적은 어떤 방법으로든 모든 수단을 동원해서 이란에 들어가는 것이었다. 우리는 투르크멘바쉬가 우리 대통령에게 보내는 서신을 관리들에게 보여주었다. 그러나 곧 대통령의 친서를 보여주는 것보다는 담배 한 보루가 더 도움이 된다는 사실을 깨달았다. 우리는 우리를 몇 시간 째 지키고 있는 관리들을 불러 우리 카라반은 이 길로 다시는 돌아오지 않을 것이라고 조용히 약속했다. 우리는 결국 다리에 올라섰다! 마침내 다리를 통과하고 있었다!

"신이여, 우리를 도우소서! 우리는 허가 없는 총도 가지고 있고, 비자 없는 미국인도 있습니다!"

네잣과 무랏은 제발 총을 버리자고 나에게 애원하면서 터키로 돌아가면 새 총을 살 수 있을 것이라고 주장했다. 그러나 이미 때 늦은 일. 우리는 이란 수비대의 시야 안에 있었고, 다리를 건너는 동안 이란 군인들이 우리를 철저히 감시하고 있었다. 더 이상 지체할 수가 없었다. 나는 아직도 키릴 문자로 기록한 사냥총 허가증이 합법적인 것이었기 때문에 사냥총만은 괜찮을 것이라고 생각하고 심호흡을 했다. 나는 신발 끈을 다시 묶는 체하면서 몸을 구부려 양말 속에 감춰둔 내 아름다운 22연발 권총을 꺼내서 길가 웅덩이에 던져버렸다. 다른 쪽 양말에 들어 있던 실탄도 꺼내서 총과 함께 버렸다. 그리고는 재빨리 몸을 일으켜 몇 걸음 앞서가는 카라반과 보조를 맞추었다. 이제 나는 깨끗하다.

나는 이란의 흙을 밟으면서 경비대 군인들이 내가 권총을 옷으로 싸서 버리는 장면을 제발 보지 않았기만을 기도했다. 우리는 울타리가 쳐진 우리 안에 낙타들을 매어두고, 여권을 손에 들고서 작은 유리창을 사이에 둔 세관 직원과 마주섰다. 나무 벤치에 앉아서 우리의 운명을 기다리는 동안 가슴이 쿵쾅거리는 소리를 세관 직원이 듣는 것만 같아 조마조마했다. 이윽고 다른 관리 한 사람이 차 네 잔을 쟁반에 담아가지고 왔다. 또 다른 관리가 여권을 들고 우리에게 오는 것이 보이자 이게 우리가 처형당하기 전에 마시는 최후의 차가 되겠구나 하는 생각이 들기도 했다. 그는 우리의 여권을 돌려주며 악센트가 강한 영어로 말했다.

"여러분 감사합니다. 이란에 오신 것을 환영합니다."

우리 네 사람은 동시에 팩스턴의 여권을 바라보았다. 눈이 의심스러웠다. 커다란 입국허가 도장이 찍혀 있는 게 아닌가! 우리는 입국 날짜를 보았다. 3월이 아니었다. 우리는 마치 영화에서 연기를 하듯이 동시에 서로의 얼굴을 바라보았다. 그 순간 번뜩 드는 생각! 우리가 왜 이렇게 멍청했지? 왜 이런 생각을 진즉 하지 못한 거지? 이란은 모슬렘 달력을 사용하고 있었고, 그래서 그 달은 2월이 아니었다. 따라서 팩스턴의 여권에는 아직도 비자 만료일이 이틀이나 남아 있었던 것이다!

우리의 물품 신고를 받았던 관리가 우리를 출구로 안내해 주었다. 관문을 통과하자마자 비디오카메라를 들고 있는 텔레비전 방송국 기자들과 수많은 구경꾼들이 우리를 기다리고 있었다. 드디어 이란이구나! 세관 직원이 무기를 소지하고 있느냐고 물었을 때 나는 야생 동물들이 낙타들을 공격할 경우에 대비해서 사냥총 한 자루를 가지고 있다고 대답했다. 그가 총을 보고 있는 동안 나는 그에게 이제는 휴지 조각에 불과하지만 키르기스스탄에서 받은 문서들을 넘겨주면서 이것이 내 총기 소지 허가증이라고 말했다. 그 관리는 키릴 문자로 적은 문서를 보더니 거기에 총기 시리얼 넘버를 기록했다.

"감사합니다, 선생."

낙타에 실린 짐이나 소형 트럭에 실은 짐에 대해서 검색 절차를 거치지도 않고 우리는 세관 지역을 벗어났다. 드디어 자유다! 여기는 이란! 우리는 갈 수 있다! 그리고 현실이라고 믿어지지 않지만 우리는 이제 터키를 향해 가고 있다!

우리는 너무나 기뻐서 어쩔 줄을 몰랐고, 모두 하나 같이 깊은 안도의 한숨을 내쉬었다. 우리는 식당에 들어가 부드러운 이란 쌀과 고기를 구워서 만든 켈로 케밥을 먹었다. 나는 몇 해 전 우리 대원들에게 이란에 가게 되면 맥아로 만든 알코올이 없는 맥주를 마시겠다고 말한 일이 있었다. 그들은 그 맥주를 '이슬람 맥주'라고 불렀다. 우리는 모두 마음이 낙낙하여 웃음을 터뜨렸다. 신이여, 이제 악몽은 끝났습니다. 터키가 가까이 있습니다. 벌써 우리 고국 터키 냄새가 느껴지는 것만 같았다.

이란에서의 첫날밤은 터키어를 사용하는 아제르바이잔 이란 사람 알리(Ali)의 집에서 지냈다. 그는 우리에게 관습적인 격식 몇 가지를 가르쳐주었다. 팩스턴은 이란 사람들에게 유전자처럼 몸에 배어있는 환대를 받으며 몹시 감격해 했다. 우리는 저녁 내내 차를 너무 많이 마신 탓에 해가 뜨기도 전에 깨어나 마당에 있는 화장실을 들락날락 해야 했다. 상쾌하게 차가운 밤하늘에는 별들이 반짝이고 있었다. 별 하나가 지금 막 동화책에서 빠져나온 듯 긴 꼬리를 달고 밝게 빛을 발하고 있었다. 나는 갑자기 한기가 느껴져서 어린아이처럼 얼른 뛰어가 침대로 기어들었다. 몇 주 후가 되어서야 그날 밤에 보았던 별이 실제로 헤일봅(Hale-bopp) 혜성이었다는 것을 알게 되었다.

알리의 가족은 터키 국경 근처에 있는 마쿠(Maku)라는 도시에 살고 있었다. 다음날 아침 우리는 포옹을 하며 작별 인사를 나누고 마슈하드(Mashhad : 메셰드Meshed라고도 함)로 향했다. 알리에게 우리가 이란에서 머무는 마지막 날에 마쿠에 있는 그의 집을 방문하겠다고 약속했다.

이제 호라산으로 향하고 있다. 그 길은 수백 년 전에 수피(Sufi :이슬람교의 신비주의자) 신도들이 이슬람을 아나톨리아로 전할 때 이용하던 바로 그 길이었다.

호라산은 터키인들에게는 아주 중요한 곳이다. 투르크메니스탄과 이란이 공유하고 있는 길게 뻗어있는 이 땅은 12~13세기에는 모슬렘 수피들의 수련 중심지였고, 부하라와 사마르칸트까지 이르는 영향권 안에 있었다. 유누스 엠레(Yunus Emre), 메블라나(Mevlana), 아흐메트 예세비(Ahmet Yesevi), 하지 벡타쉬(Hadji Bektash), 피르 술탄(Pir Sultan), 쉬레베르디(Sühreverdi) 같은 이슬람 신비주의자들은 사랑과 이해에 기초한 철학을 설파했다. 아라비아 스타일의 모슬렘 사상인 수니파에 뿌리를 두고 있는 독선적인 이슬람과는 전혀 다르게 인도주의적인 철학을 바탕으로 하는 이 이슬람 학파는 중앙아시아 터키족이 가지고 있

▶▶ 이맘 레자의 무덤과 마찬가지로 다른 모든 무덤들도
기하학적인 형태들로 자른 거울조각들로 벽을 뒤덮어 놓았다.
이런 거울들은 아주 신비스러운 분위기를 자아낸다.

던 고대의 샤머니즘적 전통이 혼합되어 있다. 호라산에서 발생하여 아나톨리아로 전파되어 아나톨리아에서는 호라산 신비주의라고 알려지고 있다.

마슈하드는 호라산 가운데 이란 관할 구역의 중심이지만, 오늘날에는 800년 전에 태동한 신비주의의 중심지라기보다는 이란의 시아파 이슬람의 중요한 센터가 되고 있다. 시아파를 창시한 중요한 인물들 가운데 하나로 손꼽히는 이맘 레자(Emam Reza)의 무덤이 이곳에 있다는 사실 때문에 마슈하드는 이란에서 가장 중요한 도시에 속하게 되었다. 이란 사람들이 아랍인들과 전쟁을 하고 난 이후에 메카에 들어가는 것이 금지되었을 때 사파비(Safavid) 왕조의 통치자 샤 압바스(Shah Abbas)는 이스파한에 있는 수도에서 마슈하드로 걸어와 그 도시를 우리의 '카바(Kaaba : 성지)'라고 선포했다. 그 이후 이란 사람들은 마슈하드에 신성한 순례를 하기 시작했고, 그곳을 순례하는 사람들은 메카를 순례하는 사람이 '하지(Hadji)'가 되는 것과 마찬가지로 '메쉬티(Meshthi)'가 되었다.

우리는 이란의 북동부 많은 부분을 차지하고 있는 거대한 소금 사막을 통과했다. 마슈하드까지는 꼬박 열흘이 걸렸다. 때로는 밤이 되면 염소를 기르는 목자의 오두막집에서 지내기도 했고, 때로는 사막에서 야영을 하기도 했다. 또 어떤 때는 이곳 군데군데 남아 있는 폐허가 된 카라반사라이에서 밤을 지새우기도 했다.

마슈하드에 도착하기 2~3일 전 우리는 길을 가다가 이란 사람 한 사람을 만났는데, 그는 우리가 마슈하드에 도착하게 되면 이맘 레자 재단(Emam Reza Foundation)의 초대를 받을 것이라고 말했다. 그들은 텔레비전을 통해서 우리 소식을 들은 것 같았다. 아스탄 쿠드스(Astan Kuds)라고 불리는 그 재단은 넓은 땅에 퍼져 있는 양탄자 공장과 농장들로 구성되어 있으며, 그 나라에서는 가장 오래된 기관 가운데 하나였다. 아스탄 쿠드스 재단

▶ 페르시아의 어린아이들이 한 사진관에 있는 이맘 레자의 그림 앞에서 포즈를 취하고 있다.

▶▶ 무하렘 의식. 알리 칼리프의 아들들인 하산과 호세인, 그리고 예언자의 사촌의 상징적인 장례식들은 매년 이란 전역에서 재현되며, 많은 사람들이 참여하여 감동의 눈물을 흘리기도 한다.

은 원래 이맘 레자의 무덤을 관리하는 일을 맡았는데, 지금은 투르크메니스탄과 다른 중앙아시아 나라들이 공동으로 상업적인 프로젝트를 운영하고 있다. 그들의 프로젝트는 "자데 이 이브리심(Cadde-I Ibrişim)", 즉 실크로드라고 불린다. 재단 사람들은 교외 지역에 있는 그들의 농장으로 저녁 식사를 초대해 주었다. 우리 낙타들은 그들의 단봉낙타들과 함께 한 우리에 묵으며, 그들과 함께 건초와 귀리로 마음껏 배를 채웠다. 우리 낙타들은 여러 날 동안 시장했던 터라 다른 녀석들은 우리 낙타들이 마구 먹어대는 모습을 놀라운 듯 바라만 보고 있었다. 우리를 초대한 사람들 역시 우리가 체면은 접어두고 사정없이 먹어대는 것을 보고 똑같이 놀랐을 것이다. 분명히 말해두고 싶은 것은 이란 음식은 우리가 중앙아시아에서 먹었던 어떤 음식보다 단연코 가장 맛이 있었다.

몇 해 전 나는 무하렘(Muharrem)의 신성한 달에 행해지는 의식들을 촬영하기 위해 마슈하드에 온 일이 있었다. 당시 무덤은 크게 자란 목초가 뒤덮인 지역에 있었고, 모든 사람들에게 공개되어 있었다. 메쉬티가 되기 위해서 전국 각지에서 마슈하드로 모여든 수많은 이란 순례자들은 이렇게 풀이 우거진 지역을 돌아다녔었다.

터키도 역시 마찬가지지만 중동의 모든 국가들에서 급격히 퍼지고 있는 새로운 근대화의 광기는 이란에서도 강력한 위세를 떨치고 있었다. 결국 믿을 수 없는 일이지만 그 이전에는 이루 말로 형언할 수 없이 아름다웠던 이 지역이 이제는 고속도로로 둘러싸여 있었고, 무덤 주변의 녹지대는 거대한 백화점 건물들이 들어서 있었다. 우리는 무덤 전체를 촬영하기 위해 근처 빌딩 꼭대기로 올라가야 했다.

이란 가이드가 무덤을 촬영할 수 있도록 허가를 받아주었다. 가이드는 타하레 하늠(Tahareh Hanım)이라는 여성으로 영어가 아주 유창했다. 그녀는 또한 아주 정교한 수제품 양탄자를 생산하고 있는 공장도 안내해 주었다. 어느 날 저녁 그녀는 우리를 집으로 초대

◀ 무하렘 의식들에서 찾아볼 수 있는 흥미롭고 무서운 장면.
몸에 사자 가죽을 두른 알리(전능한 신의 사자)가 카르발라 전투에서 목이 잘린 그의 아들을 위해서 울부짖고 있다.
이런 연극 같은 애도의 의식들이 진행되는 동안 모든 이란 사람들은 울부짖으며 무거운 쇠사슬로 자신들의 몸을 때린다.

하여 가족들과 함께 저녁 식사를 했다. 그 집에서 우리는 아름다운 '구구시(Gugush)'의 노래를 녹화한 낡은 비디오 필름을 보았다. 구구시는 샤 왕조 통치 시절에 널리 인기가 있던 가수로 새로운 이슬람 정부에 의해서 활동이 금지되어 있었다. 샤 왕조가 지나가자 인기가 있던 대부분의 공연자들은 미국으로 이주하였다. 구구시는 당시 모든 연주자들 가운데서 가장 인기가 좋았다. 그러나 그녀는 호메이니(Khomeini)의 손에 입을 맞추고 용서를 구하면서 노래를 중단하겠다고 약속을 했다고 한다. 용서를 받은 그녀는 노래를 포기하고 한 뚱뚱한 사업가와 결혼했고, 이제는 정착해서 아이들을 낳아 기르고 있다고 한다. 각 가정에서는 이렇게 활동이 금지된 가수들의 공연을 담은 비디오들을 보물처럼 소중하게 간직하고 있고, 그 가치는 나날이 더 높아지고 있다.

구구시의 비디오를 보고 있을 때 타하레의 열여섯 살 난 딸이 친구 하나를 데리고 들어왔다. 그녀는 자신들 세대 소녀들은 너무나 불행하다고 말했다. 뜨거운 태양이 내리쬐는 날에도 외출을 하려면 천으로 얼굴을 칭칭 감싸고 나가야 하기 때문에 머리카락이 계속 땀에 젖어 밖으로 흘러내렸다. 열여섯 소녀가 머리카락을 숨겨야 하다니! 이란 정부는 계속해서 사람들을 혹사하고 있었다. 텔레비전에서는 음악이 금지되어 있다. 상영이 허용되는 유일한 영화는 모든 여성들이 머리에 베일을 두르고 등장하는 영화들뿐이다.

또한 가장 엄격하게 금지되는 것은 위성 안테나를 이용해 외국 방송을 보는 것이다. 헬리콥터들이 도심을 날아다니면서 지붕에 달아놓은 위성 안테나를 색출한다. 위성 안테나를 소유한 사람은 구속될 수도 있다. 처벌은 벌금형과 징역형으로 이루어진다. 이란 사람들은 이런 금지를 피하는 방법을 알아냈다. 지름이 1m도 안 되는 작은 안테나 접시를 창문 옆에 달아놓고 천으로 덮어놓는 것이다. 이런 작은 접시를 사용해도 볼 수 있는 것은 터키 방송들뿐이다. 이란 인구의 절반 정도는 아제르바이잔 사람으로 그들은 이미 터키어를 알고 있고, 나머지 절반에 달하는 사람들도 터키어를 빠르게 익혀가고 있다. 이란 사람들은 누구나 터키 가수들을 알고 있었으며, 내가 만난 이란 사람들은 한결같이 자신이 가장 좋아하는 터키 방송 채널의 특징을 나에게 이야기해 주었다. 터키 가수인 시벨

잔(Sibel Can)이나 이브라힘 타틀르세스(İbrahim Tatlıses)는 모두가 아는, 호메이니 다음가는 유명 인사였다. 시벨 잔은 너무나 인기가 좋아서 화가들이 그녀의 유화 초상화를 그려서 팔아 생계를 꾸려나갈 정도였다.

마슈하드에 있을 때 우리는 우즈베키스탄이나 투르크메니스탄이나 심지어는 카자흐스탄에서 찾을 수 없었던 훈련받은 낙타들을 여기서는 구할 수 있다는 사실을 알게 되었고, 즉시 서너 마리를 사들이기로 작정했다. 우리는 타하레 하늠에게 도와달라고 부탁했다. 그러나 이곳의 낙타들 역시 단봉낙타였다. 사태가 이쯤 되자 우리는 단봉이니 쌍봉이니 따질 형편이 아니었고, 오로지 필요한 것은 훈련을 받은 낙타들이었다. 우리는 새로운 낙타를 찾아 인근 마을들을 찾아다니기 시작했다. 우리는 첫 집에서 아주 따뜻한 대접을 받았다. 그러나 식사를 마치고 흥정을 시작하자 낙타 주인은 정말 낙타 같이 고집을 부리며 천문학적인 가격을 부르고는 전혀 깎아줄 생각을 하지 않았다. 그래서 우리는 생각을 바꿔야겠다고 이야기하고 자리를 털고 일어섰다. 우리는 돈이 거의 떨어져가는 상태였고, 남은 돈은 겨우 터키에 갈 수 있는 정도였다. 다음날 우리는 게스트하우스에서 전화 한 통을 받았다. 어떤 다른 사람이 훈련된 낙타 세 마리를 팔려고 하는데, 적절한 가격에 살 수 있으리라는 것이었다.

그런 우여곡절 끝에 우리는 이란 낙타 한 가족을 만나게 되었다. 아빠 낙타와 엄마 낙타, 그리고 두 살 난 딸 낙타. 우리는 새로운 낙타들을 기쁜 마음으로 받아들였고, 그들도 곧 우리 낙타 여섯 마리와 잘 어울리게 되었다. 이렇게 해서 우리는 다시 어엿하게 남 부럽지 않은 카라반을 이룰 수 있게 되었다. 새로운 낙타들은 너무나 아름답고 사근사근해서 염소처럼 깡충깡충 뛰기도 했다. 우리는 어린 딸에게 '쉬리네(예쁜이)' 라는 이름을 지어주었다. 큰 아빠 낙타에게는 이란에서 가장 큰 산의 이름을 따라서 '데마벤드' 라는 이름을 주었고, 엄마 낙타는 '메흐나즈' 라고 불렀다.

북쪽 길을 따라서 이란을 횡단하기로 계획하고 있었기 때문에 테헤란을 들를 수가 없었다. 그래서 우리는 비행기를 타고 테헤란으로 가서 라프산자니 대통령에게 데미렐

대통령의 친서를 전달하기로 했다. 그런데 하필 공교롭게도 터키 당국과 이란 당국 사이에 분쟁이 있었고, 우리는 약속을 잡지 못한 채 마슈하드로 돌아갔다. 얼마 안 있어 이란과 터키는 서로의 국가에 있는 대사들을 소환했다. 이런 긴장된 분위기 속에서 라프산자니 대통령이 여행에 지친 낙타 카라반을 만나지 않겠다고 결정하는 것도 무리는 아니었다. 아마도 그는 우리가 만나기를 원한다는 사실을 통보받지도 못했을 것이다. 실망스러웠지만 낙타 아홉 마리 카라반을 이끌고 터키를 향하여 예정된 서쪽으로 이동하기로 결정했다. 우리가 터키에 가까이 다가가고 있다는 사실보다 더 기쁘고 흥분되는 일은 아무것도 없었다.

팩스턴에게 여러 번 경고했지만 우리가 타브리즈(Tabriz)에 있을 때 그는 한 무리의 여성들을 촬영하다가 이슬람교 교사에게 발각되었다. 이슬람교 교사는 당국자에게 그 사실을 고발했고, 그들은 팩스턴을 체포하여 하필이면 이전에 미국 영사관이었던 건물에 가둬버렸다. 팩스턴은 두려움에 떨고 있었다. 그곳은 외국인 사절들이 모두 잠재적인 스파이들로 취급되던 혁명 기간 동안 심문 장소로 사용되던 곳이었고, 오늘날 그 건물은 이란 정보기관인 사바마(Savama)의 타브리즈 본부로 사용되고 있다. 심문은 여러 시간 지속되었고, 영어를 완벽하게 구사하는 사바마 관리가 담당하고 있었다. 나는 마침내 우리의 유일한 목적은 그 역사적인 길을 답사하는 것이고, 고대를 다시 재현하려는 것뿐이라고 설득시키는 데 성공했다. 나는 그에게 우리가 이란 문화를 존중하고 있다고 말하고, 내가 아는 이란의 시인 이름도 죄다 이야기했다. 전쟁 기간에 이란에 와서 라프산자니 대통령의 사진도 촬영했다는 것과 우리 카라반의 모든 사람들은 이란을 사랑하고, 우리는 정말이지 하늘에 맹세코 페르시아 문화를 사랑한다고 거듭거듭 이야기하고, 천신만고 끝에 우리 미국인 카메라맨을 구해낼 수 있었다.

우리는 이란에 도착한 이후로 줄곧 체포를 당할 수 있다는 공포에 시달려야 했고, 일이 이쯤 되자 어떻게든 한시라도 빨리 이 나라를 벗어나고 싶다는 생각밖에는 없었다. 우리가 있는 곳은 터키 국경에서 20km 밖에 떨어지지 않은 마쿠였다. 우리는 거기서 테헤란에 있는 터키 대사관에 전화를 걸어 이제 출발하려고 한다고 통보했다. 이 말을 들은 터키 외교관은 흥분하여 떠나면 안 된다고 말했다.

"외교적인 위기는 넘어갔습니다!"

"양국 정부에서 새로이 대사를 임명했습니다. 나는 여러 날 동안 당신들 소식을 기다렸어요. 이란 당국자들은 당신이 대통령과 만나서 데미렐 대통령의 친서를 전달하고, 라프산자니 대통령도 그의 친서를 전해주기를 바라고 있어요. 지금 즉시 테헤란으로 오세요!"

우리 대원들에게 이런 소식을 전하자 그들은 모두 완강하게 저항했다.

"받아들일 수 없어. 그만둡시다. 편지는 대사관에 넘겨주고 그 사람들한테 전하라고 합시다."

나는 내가 훌륭한 '카라반 대장' 이라고 생각한다. 그래서 나는 나의 동료들이 이야기하는 소리에 귀를 기울였다(그들이 이야기하는 것은 지금 정확하게 내가 하고 싶은 일 아닌가!). 그래서 맑고 화창한 4월 어느 날 아침, 우리는 종이며 융단, 구슬과 붉은 술들로 화려하게 장신된 낙타들을 이끌고 터키의 귀르불락(Gürbulak) 국경을 향해서 출발했다.

터키
Turkey

Turkey

　귀르불락 국경 관문을 통과해 터키에 들어간 것은 4월 12일이었다. 국경을 통과하는 일은 우리가 상상했던 것과는 달리 그리 만만한 일이 아니었다. 우리나라 국경에서 있었던 사건들은 실제로 우리가 전 여정에서 만났던 모든 사건들 중에서도 가장 이해할 수 없는 일이었다.

　전체 여정을 통해서 입국하기가 가장 수월했던 나라는 이란이었다. 물론 나라 안에서는 많은 어려운 일들이 있었지만, 이란을 들어가고 나가는 일은 편안하고 당당했다. 우리는 마침내 우리가 마지막 정박지에 이르렀으며, 악몽은 끝났고, 마치 왕이 방문한 것처럼 환영을 받을 것이란 생각에 기분이 들떠 있었고, 앞으로 어떤 일을 당하게 될 것인지에 대해서는 상상도 하지 않고 있었다. 우리의 조국이었으니까!

　귀르불락 국경에 있는 터키 세관 건물과 이란 세관 건물은 서로 가까이 있다. 이란의 세관 건물에는 호메이니의 사진이 붙어 있었다. 그는 마치 엄격한 표정으로 이맛살을 찌푸리며 우리를 바라보고 있는 것 같았다. 우리는 여권에 도장이 찍히기를 기다리는 동안 차를 마시며 터키 쪽을 바라보고 있었다. 우리는 "호다 하페즈, 호다 하페즈(Khoda Hafez, Khoda Hafez)"라고 감사를 표하고 "하일리 멤눈(Khayli Memnun)"이라고 말하면서 이란을 떠났다. 이제 몇 발짝만 걸으면 터키에 들어가게 될 것이다. 우리는 화물 트럭들이 줄지어 있는 앞쪽 터키 울타리 안에 낙타들을 매어두고 몇 시간 동안을 어슬렁거리면서 관리가 나타나 우리에게 관심을 보이기를 기다렸다. 사무원 한 사람이(그 다음날에 알게 된 사실이지만 그는 말단 공무원에 불과했다) 우리의 더러운 행색을 보고, 우리가 끌고 온 낙타들이 풍기는 악취가 지겨웠던지 우리를 나무라기 시작했다.

"이보시오, 이란에서 살아있는 동물을 수입하는 것에 관해서는 특별법이 있다는 것도 모르시오? 살아있는 동물들은 전염병이나 병균을 옮길 수도 있소. 당신이 하려는 일이 얼마나 어려운 일인지나 아시오? 우리는 당신 낙타들을 검역소에 넣어야겠소. 거기서 세 달은 있어야 할 거요!"

우리는 전체 여행 기간 동안에 사용했던 모든 방법들을 동원했고, 최대한의 인내심을 발휘하여 우리 낙타들은 아주 건강하며, 그래서 중국에서부터 여기까지 내내 걸어서 왔고, 이 카라반은 유네스코의 지원을 받는 프로젝트로 우리는 역사가들이라고 간청하다시피 이야기했다. 얼굴이 무뚝뚝한 그 관리는 소매치기를 하다가 붙들려서 한 번만 봐 달라고 애원이라도 하는 범죄자를 대하듯이 우리를 꼬박 두 시간 동안이나 그의 책상 앞에 세워두고 책상을 쾅쾅 내리치며 호통을 쳐댔다.

"이봐요, 건강 증명서가 없으면 어떤 동물이든 단 한 마리도 터키에 들여올 수 없단 말이오! 그건 법이에요, 법!"

우리는 치밀어 오르는 화를 억누르며 어떻게 하면 그런 증명서를 받을 수 있느냐고 물었다. 그의 대답은 오로지 우리더러 떠나라는 것이었다.

"이건 사흘이나 닷새 안에 처리할 수 있는 문제가 아니란 말이오. 행정부 수의사가 아르(Arı)에서 와 낙타들을 검사해야 하고, 그 만만찮은 비용은 당신들이 부담해야 할 거요!"

나는 혀에 재갈을 물리고 가능한 한 부드러운 목소리로 이야기를 이어나갔다.

"선생, 이 세관의 가장 높은 사람을 만나서 이야기를 할 수 있겠습니까?"

"내가 이곳 책임자요! 거기에 대해서 뭐 불만 있소? 우리 감독관님은 지금 아으르(Ağrı)에 가고 안 계시오. 내일 아침이면 장관들과 의원들이 이곳을 방문하기로 되어 있고, 그래서 그분들을 만나러 가셨소."

나는 그 장관들과 의원들이 우리를 만나러 오는 게 아닐까 하는 생각도 들었다. 내가

타브리즈에서 칼레 홀딩과 통화를 할 때 신문사 기자들과 텔레비전 방송팀이 우리를 맞으러 국경으로 온다는 이야기를 들었었다. 하지만 정치인이 우리를 맞으러 오리라고는 생각하지 못했다. 나는 이 상황에서 서투른 방법을 사용하고 싶지 않았고, 행정부 대리인이라기보다는 화물 트럭 운전사 같은 행색을 하고 있는 이 세관 관리의 기를 꺾어놓고 싶은 생각도 없었다. 내가 이 대목에서 원했던 것은 단지 우리 낙타들을 아라라트 산(Ararat Mt.)의 초원에 데리고 가는 것뿐이었다. 이미 나의 감정은 터키에 깊숙이 들어와 있었다. 하지만 불행하게도 현실은 그렇지가 않았다. 내가 전체 여정 내내 그랬듯이 이번에는 다른 전략을 사용하기로 했다.

"어쨌거나 이 낙타들은 터키에서 묵을 게 아니오. 배가 와서 녀석들을 싣고 이탈리아로 가서 실크로드 여정을 마칠 것이오. 이건 수송중인 동물들이지 수입된 동물들이 아니란 말이오."

"좋소, 형편이 그렇다면 우리는 이스탄불 세관에서 편지 한 통을 받아야 할 거요. 우리는 이 낙타들이 우리나라에서 밖으로 수출될 것이라고 언급하는 문서가 필요할 거란 말이오. 하지만 그래도 건강 증명서는 필요할 것이오. 건강 증명서 이외에도 우리는 수송 문서가 필요할 거요."

이야기가 이쯤 되자 나는 더 이상 견디지 못하고 큰 소리를 지르기 시작했다.

"내일이면 우리는 신문사 기자들과 텔레비전 방송팀을 만나기로 되어 있단 말이오. 우리는 지난 일 년 동안 여섯 개 나라를 지나왔지만 아무런 문제도 없었소! 우리나라가 우리나라의 실크로드 카라반을 받아들이지 못하겠다니! 당신이 이 일에 책임질 수 있겠소?"

세관 직원은 눈 하나 깜빡 하지 않았다.

"당신을 가둬버릴 수도 있소. 무슨 권리로 이렇게 소리를 지르는 거요? 여기는 내 사무실이고, 나는 이곳 책임자란 말이오! 기자 아니라 누가 온다고 해도 내 허락 없이는 여기에 들어올 수 없소. 무슨 말인지 알겠소? 동물들을 건물 뒤쪽 마당에 매어두고 내가 말

도우베야즈트에 있는 이삭파샤 궁과
마주하고 있는 산기슭에 위치한 모스크.

하는 문서를 가져오란 말이오! 그게 전부요!"

그는 우리에게 여러 시간 동안 서 있던 데스크에서 나가라고 했고, 우리는 그가 지시한대로 밖으로 나왔다. 우리는 세관 울타리에 낙타들을 매어두고 건물 앞쪽으로 빠져나와 팩스턴을 제외하고 나머지 사람들은 모두 앉아서 담배에 불을 붙였다.

두어 시간 후 어떤 사람이 와서 내 이름을 불렀다. 나는 트럭 운전사 한 사람과 그의 조수들이 나를 찾고 있는 것을 발견했다. 나를 보고 있는 사람은 터키 다른 쪽에서 온 사람으로 금발 머리에 눈에는 미소를 띠고 아주 익숙한 말씨로 말했다.

"선생, 선생은 어디에 계셨습니까? 우리가 선생을 여러 시간 찾았습니다. 우리는 이틀 동안을 달려왔어요. 우리는 물건을 가져왔고 이제 실으려고 합니다."

"무슨 물건인데요? 무얼 실으려 한다는 겁니까?"

그제야 나는 세관 건물 앞 커다란 공터에서 용접공 몇 사람이 분주하게 일하고 있는 것을 알아보았다. 그들은 커다란 철 구조물을 세우려고 애쓰고 있었다. 그들이 철 구조물을 세워놓은 걸 보니, 그 측면에는 커다란 터키 국기와 우리 여행의 상징인 낙타로 장식된 간판이 눈에 들어왔다. 거기에는 '웰컴 투 터키(Welcome to Turkey)'라고 쓰여 있었다.

이 기술자들은 찬(Çan)에 있는 칼레 홀딩에서 보낸 사람들이었고, 그들 가운데 책임자가 흥분하여 이렇게 설명했다.

"우리는 선생의 여행을 줄곧 지켜보았습니다. 내일이면 이브라힘 보두르 회장님이 오실 겁니다. 문화부 장관께서도 오시고, 의회 의원님들도 오실 겁니다. 그분들은 모두 개인 전용기로 아으르 군사 비행장으로 오신답니다. 텔레비전 방송국 기자들도 올 겁니다."

그 무뚝뚝한 얼굴을 한 세관 직원과 다른 두 사람이 함께 우리를 향해서 걸어오고 있는 걸 보니 세관 전화 여러 대에 불이 났던 게 분명했다. 그들은 개구쟁이 어린아이들에게 물을 뒤집어 쓴 고양이처럼 보였고, 우리에게 오면서 어떤 표정을 지어야 좋을지 몰라서 당혹스러워 하고 있는 것 같았다.

"아리프 베이 씨, 뭔가 오해가 있었던 것 같소. 미안하게 됐소. 행정부 장관님 몇 분과 장군님 몇 분이 오고 계신답니다. 방금 감독관님한테서 전화를 받았습니다. 가능한 한 빨리 낙타들에 대한 절차를 밟도록 하시오. 사무실로 좀 갑시다."

나는 사무실에 앉아있는 동안 그와 얼굴을 마주치지 않으려고 애썼지만 내가 얼마나 화가 났는지 보여주기 위해 그들이 내온 차를 일부러 소리를 내며 휘저었다. 관리들은 쉴 새 없이 전화를 받느라 정신이 없었고, 완전히 겁에 질려 있는 게 분명했다. 그러나 나는 화가 난 표정을 누그러뜨리지 않았다. 내가 네잣을 보고 나지막한 목소리로 낙타들이 몇 시간 동안 아무것도 먹지도 마시지도 못했다고 말하자, 세관 직원은 곧바로 소리를 지르며 가까운 마을에 가서 귀리를 가져오라고 지시했다.

그제야 그는 몇 시간 동안 심문을 받은 우리도 배가 고프리라는 것을 알아차린 것 같았다.

"시장하시죠? 케밥 좀 시켜드릴까요?"

나는 더 이상 참을 수가 없었다.

"아뇨. 우리 일이나 빨리 처리해 주시오. 낙타들을 마을로 데려다 놓고 우리는 도우베야즈트(Doğubeyazıt)로 가서 거기서 먹을 거요!"

사막 생활과 오랜 여행이 나를 거칠게 만들었나보다. 나는 우리를 그렇게 여러 시간 동안 곤혹스럽게 했던 관리를 쉽사리 용서하고 싶은 마음이 추호도 없었다. 우리는 마침내 조국으로 돌아왔다는 사실이 너무나 기뻤지만 그는 우리를 개처럼 취급했다. 그가 손을 내밀어 악수를 청했지만 무시하고 그냥 돌아서 사무실을 나왔다. 그곳을 나오면서 생각했다. 그는 그날 밤 잠을 못 이루면서 괴로워하겠지.

"우리가 내일이면 대가를 치르게 될 거야."

가장 가까운 마을 한 가정집을 찾아가 낙타들을 마당에 매어두고 우리는 다음날 있을 환영식을 준비하기 위해서 도우베야즈트로 가서 호텔을 잡고 휴식을 취했다. 도우베

이삭파샤 궁, 도우베야즈트.

야즈트에서는 악즈멘딜러(Aczmendiler : 이슬람 근본주의 한 분파) 교도들이 전도를 하느라 얼마나 소리를 질러대는지 도무지 견딜 수가 없었다. 그래서 우리는 가장 가까운 이발소를 찾아가 우리 어깨까지 길어버린 머리를 자르고, 중세기 탁발승처럼 자란 수염도 다듬었다. 이제 환영식 준비는 끝났다. 우리는 1년 반 이상을 길 위에 있었고, 그래서 그날 밤은 지금까지 지내온 밤들 중에 가장 정상적인 밤이었다.

그 다음날 아침 귀르불락 국경은 아마도 야부즈(Yavuz) 술탄 셀림(Selim)이 군대를 이끌고 페르시아 사람들과 전쟁을 하기 위해 그곳을 지났던 이후로 가장 많은 사람들이 모였을 것이다. 인접한 지역과 도시, 마을에서 버스를 타고 수천 명의 사람들이 모여서 환영식이 시작되기를 기다리고 있었다. 귀빈들을 위해서 천막이 세워졌다. '웰컴 투 터키'라고 적어놓은 커다란 금속 게시판 사방에서는 터키 국기가 펄럭이고 있었다. 마당 한 가운데에는 연단이 마련되어 있었고, 모든 준비는 완벽했다. 지역의 민속 무용단은 커다란 북소리에 맞춰서 아주 힘차게 춤을 추었다. 우리는 드디어 공식적으로 터키에 들어온 것이다!

개인전용 비행기가 아으르 군사 비행장에 착륙을 했고, 승객들은 국경으로 오는 버스에 올랐다. 사람들이 운집해 있는 이곳에서 우리는 이윽고 몇몇 익숙한 얼굴들을 알아볼 수 있었다. 타슈켄트로 우리를 찾아왔던 이브라힘 보두르, 처음부터 우리 여행을 후원했던 제이넵 보두르 옥야이, 그녀의 남편 오스만 옥야이, 작년 한 해 동안 칼레 홀딩에서 우리의 생명줄 역할을 했던 아시예 보두르, 차으르 귀르부즈, 오야 베릭, 눈물을 흘리고 있는 네잣의 어머니와 아버지, 무랏의 어머니, 여러 차례 우리와 동행했던 독일 ARD 텔레비전에서 나온 가브리엘, 그리고 나의 여인 셈라! 우리가 만난 사람들과 포옹을 하는 동안 우리를 촬영하고 있는 카메라들에 신경을 쓰는 사람은 아무도 없었다. 우리는 의회 의원들과 장관들, 지역 군당국자들과 장성들, 그리고 다른 고위직 손님들을 향해서 연설을 했다. 그들은 귀빈석 천막 아래 앉아서 진행되는 순서들을 진지한 표정으로 바라보며 오늘의 의미와 그 중요성에 관한 우리의 연설을 듣고 있었지만 우리는 짧게 끝내야 했다.

언론사 기자들은 전용기가 아으르 공항을 출발하기 전 한 시간 동안 우리 카라반의 사진을 촬영하고, 우리와 인터뷰를 해야 했기 때문이다. 그들이 사진을 찍을 수 있도록 낙타들을 끌고 아라라트 산 방향으로 걸었다. 화려한 양탄자며, 종과 술들로 치장한 우리 낙타들은 도대체 무슨 일이 벌어지고 있는지 의아해 하는 것 같으면서도 자신들이 관심의 초점이 되고 있다는 것을 의식하고 카메라를 향해서 가장 멋진 포즈를 취해 주었다.

진짜 심각한 문제는 낙타들을 진정시키는 일이었다. 녀석들은 중국을 출발한 이후로 이렇게 많은 사람들을 본 일이 없었기 때문이다. 그리고 또 '다른' 문제가 있었다. 물론 이 문제는 우리가 해결할 책임이 있었다. 우리 낙타들의 털은 길게 자라 있었고, 많이 빠진 상태였다. 그래서 많은 사람들이 모여들어서 낙타의 털을 뽑으려고 할 때는 우리도 낙타도 완전히 모두 돌아버릴 것만 같았다. 이런 일은 우리가 지나온 그 어느 나라에서도 경험해보지 못한 반응이었다. 사람들은 낙타의 털이 어떤 질병에 효험이 있다고 생각하는 것 같았고, 어쩌면 만병통치약이라고 여기는 것 같기도 했다. 낙타의 털은 목이 아플 때 효험이 있고, 털로 무릎을 감싸면 관절염에 좋다고 한다. 또한 아기 요람 아래 넣어두면 아기가 낙타처럼 크게 자라게 되고, 성격도 좋아진다고 했다(아마도 낙타처럼 고집도 세질 것이다). 낙타의 털 한 줌을 재떨이에서 태우게 되면 담배를 피우는 사람이 담배를 끊게 되고, 술잔에서 태우게 되면 술 중독자가 술을 끊게 된다고 한다!

우리가 생전 듣도 보도 못한 이야기들이었다. 어떤 사람이 우리에게 낙타털을 한 줌 달라고 한다면 침착한 낙타에게서 기꺼이 한 줌 뽑아줄 것이다. 그러나 이렇게 낯선 사람들이 낙타의 털을 잡아당기기 시작했으니, 만일 우리의 '빅 화이트'나 바으르간이었다면 큰 소동이 일어났을 것이다. 바으르간은 완전히 화가 나서 사납게 발길질을 했을 것이고, 밧줄을 끊어 카라반 행렬 전체가 흐트러졌을지도 모른다. 털 한 줌이 우리의 1시간을 잃게 할 수도 있는 것이다. 우리는 점점 더 화가 났고, 얼마 지나지 않아 싸움이 일어났다. 일부러 의도한 것은 아니었지만 나는 나도 모르게 콜트 45구경 권총으로 손이 갔다. 그 총은 내가 투르크메니스탄—이란 국경에서 버린 권총을 대신하기 위해서 도우베야즈트

에서 산 것이었다.

우리는 낙타털을 원하는 사람들에게 털을 한 줌씩 주어 문제를 해결하려고 했다. 그러나 곧 전혀 다른 문제에 부딪치게 되었다. 우리가 어떤 지역에 도착한다는 소식은 터키의 주요 텔레비전 방송의 뉴스를 통해 널리 알려져 있었다. 우리가 터키 시골길을 따라 걷고 있을 때 갑자기 택시 한 대가 다가와 우리 카라반 옆에 급정거를 했다. 택시에서는 한 무리의 남녀가 쏟아져 나왔고, 내리는 사람들을 보면 다른 사람들과는 좀 떨어져서 슬픈 얼굴을 하고 있는 여자가 꼭 한 명씩 있었다. 이런 일이 있을 때마다 그들이 요구하는 것은 똑같았다. 이 여성은 애를 못 낳는다. 그녀는 아기를 가질 수 없어 파혼의 위기에 처해 있다. 그래서 어쩌란 말인가???

그들이 원하는 것? 터키의 일부 지역 사람들은 아이를 낳지 못하는 여인이 낙타의 다리 사이를 통과하게 되면 애를 낳을 수 있다는 민간 신앙을 가지고 있다. 상상해 보시라.

아이를 못 낳는 여자가 겁 많은 우리 낙타의 다리 아래를 통과하다니! 그런 광경은 상상하기도 싫었다. 우리 바으르간은 털을 뽑으려고 다가오는 사람을 가볍게 찼을 뿐인데도 그 사람은 4~5m나 날아가 나동그라졌다. 그런 일을 허락할 수는 없었다. 사람들은 우리에게 간절히 애원을 하기도 하고, 돈을 주려고도 했고, 점점 화를 내면서 협박을 하기에까지 이르렀다. 그러나 그들을 설득할 방법이 없었다. 우리는 완전히 낙심한 가족을 그냥 대로에 세워두고 떠나야 하는 일이 비일비재하게 벌어졌다.

봄이 왔고, 이제 우리 낙타들은 야영을 할 때면 자유롭게 어슬렁거리며 풀 뜯는 것을 즐길 수 있었다. 우리 역시 모두 행복했다. 도시나 마을에 들어갈 때면 민속 무용을 하는 사람들이 우리를 반기기도 했고, 때로는 오스만 터키 사람들로 이루어진 전통 군악대가 「메터(Mehter)」라고 하는 오스만 제국 시대의 군악으로 환영을 해주기도 했다. 지역 관리들은 마을 광장에 있는 동네 스피커로 우리가 도착한 사실을 마을 사람들에게 알렸고, 온 동네가 다 모여서 우리 카라반을 구경하고, 우리가 그 전설적인 길을 여행하면서 겪은 일들을 귀를 기울여 듣곤 했다. 이제 우리는 우리의 이야기를 거의 기계적으로 하게 되었다. 환영식을 얼른 마치고 가서 저녁 식사를 하고 싶었기 때문이다. 얼마 지나지 않아 우리의 이야기는 점점 '심플'해지고 있었다.

날씨가 점점 따뜻해지면서 우리는 동네에 들어가기보다는 야영을 했고, 모닥불을 피워놓고 저녁 식사로 고기나 생선을 요리해서 먹었다. 이렇게 우리가 직접 한 요리를 가지고 지역 관리들이나 지방 도시의 시장, 군당국자를 초대하기도 했다. 물론 고기, 생선이나 술은 그들이 가져왔고, 우리는 불만 피워놓고 요리가 되기를 기다릴 뿐이다!

우리는 작은 군대의 호송을 받으며 전진하고 있었다. 국경을 넘으면서부터 이후로 줄곧 군인 10여 명과 기관총 두 대를 실은 군용 차량이 우리를 수행했던 것이다. 경비병들은 하루에 세 번 교대를 했고, 우리가 새로운 군사 지역으로 들어가게 되면 새로운 지역의 경비병들이 우리의 보호를 담당하였다. 경비병들은 또한 밤에도 보초를 섰다. 우리는 이런 모든 보호 조치는 필요 이상으로 과도하다고 지휘관에게 말했다. 그는 즉각 이렇게 대답했다.

"아리프 베이 씨, 이 명령은 앙카라에 있는 참모장님께 직접 하달 받은 것입니다. 우리는 카라반이 공격을 당하도록 그대로 방치할 수는 없습니다. 전 세계의 이목이 지금 이 카라반에 쏠려 있습니다. 찬카야까지 내내 안전하게 모실 것입니다!"

여정 중에는 노천에서 야영을 할 수 없을 정도로 위험한 산사(Sansa) 협곡이나 기타 위험한 곳들도 있었다. 그때는 가까운 군부대로 가서 거기서 묵었다. 많은 군인들이 쏟아져 나와서 우리 낙타들과 사진을 찍어달라고 해서 우리는 즐거웠다. 하지만 가장 어린 낙타인 쉬리네와 군인들 사이에 예기치 않은 문제가 발생했다. 그 문제가 어디에서 시작되었는지 잘 알 수는 없지만, 쉬리네가 군인들의 푸른 제복을 목초더미라고 생각하는지 병사 한 명을 택해 뒤를 쫓곤 했다. 한번은 우리가 강둑 근처에서 멈춰 서서 낙타들에게 풀을 뜯게 하였는데, 그때 우리 옆에 호위대가 도착했다. 쉬리네가 갑자기 호위대를 쫓기 시작했고, 군인 한 사람이 놀라서 총을 쐈다. 총소리에 놀란 쉬리네는 한 길로 달리기 시작했고, 그 군인은 다른 방향으로 뛰었다.

우리가 불을 피우고 있는데 우리의 호송을 맡은 하사관이 병사 한 사람을 다른 사람들이 보는 앞에서 옷을 벗게 하고는 창피를 주고 있었다. 어린 낙타가 겁이 나서 도망이나 친 겁쟁이라고 놀림을 받는 군인의 얼굴은 빨갛게 달아올랐다. 우리는 그 운 나쁜 군인에게 미안한 마음이 들었지만, 우리 낙타가 그를 목초더미로 착각해서 그런 것 같다고 사과를 하는 수밖에 다른 도리가 없었다. 모든 사람들이 웃음바다가 되었고, 긴장은 곧 풀어졌다. 그날 밤 불가에 둘러앉아 식사를 하고 있을 때, 낙타에 쫓겼던 군인이 아주 맑고 감미로운 목소리로 터키 민요를 불러주어서 모두 즐거웠다.

우리는 너무나 많은 화력으로 둘러싸여 있어서 이런 상황을 좀 더 낫게 발전시킬 수는 없을까 묘안을 찾고 있었다. 매번 새로운 지휘관을 만나게 되면 우리는 그런 무기를 난생 처음으로 보는 것처럼 호기심을 보이고, 신기해서 죽겠다는 듯 이것저것 묻고 간청하기도 했다.

"장교님, 이 M16 두어 방만 쏘아보면 안 될까요?"

"이 칼라슈니코프(Kalashnikov)는 어떻습니까?"

"이 G3는요?"

물론 우리는 모두 총에 매료되어 있었다.

"장교님, 이건 어떤 총입니까?" "발터라구요? 한 번도 들어본 일이 없는 것인데. 몇 방 당겨 봐도 될까요?"

우리의 부탁은 거절당하는 법이 없었고, 그래서 우리는 모두 터키 군인이나 경찰들이 사용하는 갖가지 총이나 화기들을 발사해 볼 수 있었다. 때로는 지휘관들이 우리가 갖가지 총을 아주 능숙하게 다루고 사격 실력이 좋은 것을 보고는 되레 당황하는 일도 있었다. 그러면 우리는 얼른 둘러대기도 했다.

"재수가 좋은 겁니다."

주변에 있던 사람들 중에서 45구경을 사용해본 사람은 나 밖에 없었다.

오는 길 내내 우리는 낙타들 다리 사이를 지나가고자 하는 여성들을 만나서 승강이를 벌여야 했다. 여성들을 물리치는 노하우는 이미 터득하고 있었다. 그러나 낙타털을 뽑겠다고 달려드는 떼거리들을 만나면 여전히 당혹스러웠고, 이런 일은 종종 심각한 사태로까지 이어졌다. 언젠가 테르잔(Tercan)을 떠나서 산사 협곡에 가까이 이르렀을 때였다. 우리는 카라테페(Karatepe)라고 하는 작은 마을에 도착해서 식당에 들어가 점심 식사를 하면서 한 시간 후에 도착하기로 되어 있는 새로운 호위대를 기다리고 있었다. 바로 그때 소동이 벌어졌다. 우리는 밖으로 뛰어 나갔다.

한 무리의 젊은이들이 우리 낙타들과 장난을 하고 있었다. 그때 우리는 「제32일(the 32nd Day)」이라는 프로그램을 맡은 텔레비전 방송국 기자 두 사람과 동행하고 있었다. 엠레(Emre)라는 카메라맨과 에미라(Emira)라는 기자였다. 또한 그때 함께 여행을 하던 일행 중에는 톰(Tom)이라는 미국인 사진가도 있었다. 우리는 그를 투르크메니스탄에서 만났고, 터키에서 합류하자고 우리가 초대한 사람이었다. 식당에 있는데 갑자기 다투는 소리가 들렸고, 즉시 밖으로 나가보았다. 톰이 폭력배 대여섯 명에게 둘러싸여서 구타를 당하고 있었다. 나는 소리를 지르며 욕설을 퍼부었다. 무슨 일인지 알아볼 사이도 없이 대여섯 명이 나에게도 달려들더니 나를 마구 때리기 시작했다. 그때서야 나는 린치를 당하는 것이 얼마나 위험한 일인가를 알게 되었다.

나는 식당 주인과 종업원들에게 끌려서 안으로 들어왔지만 놈들은 또 다른 사람을 때리기 시작했다. 그제야 내가 어깨 아래에 '콜트 45' 권총을 가지고 있다는 것이 떠올랐다. 바깥에서 벌어지고 있는 싸움은 진정될 기미를 보이지 않았고, 그래서 나는 권총에 실탄을 장전했다. 공포를 발사하려고 밖으로 나갔을 때 엠레는 여전히 주먹질을 당하고 있었고, 그의 어린 여자 친구 에미라는 그 옆에서 비명을 지르고 있었다. 때마침 군용 차량이 울려대는 경적 소리가 들렸다. 우리는 지휘관에게 사건의 진상을 이야기했다. 우리 대원들과 군인들이 함께 가까운 초소로 가는 도중 기관총을 실은 두 번째 군용 차량이 도착했다. 군인들은 모여든 사람들을 해산시키기는 했지만 몇 시간이 지나도 우리의 마음은 가라앉지가 않았다. 얼마 후 한 무리의 젊은이들이 끌려가 경찰서 유치장에 갇히는 것을 보았다.

나중에 알고 보니 사건은 지역 주민들 몇 사람이 낙타털을 뽑자 톰이 그것을 말리면서부터 시작되었다. 경찰은 우리에게 먼저 시비를 건 사람을 밝혀달라고 요청했다. 그 마을에는 서로 사이가 좋지 않은 패거리들이 있는 것 같았고, 우리를 때린 사람들은 식당 주인 측 패거리들과는 앙숙인 사람들이었다. 식당 주인을 비롯한 반대편 사람들은 이름들을 대주었고, 따라서 범죄자들을 가려내는 일은 배나무에서 배를 따는 일처럼 간단했다. 우리가 정작 놀란 것은 그 다음에 벌어진 일 때문이었다.

자정 무렵, 며칠 전에 테르잔에서 우리를 대접하고 군악대까지 동원해서 환송해 주었던 지역 행정관과 시장이 경비병 초소를 찾아왔다. 그들은 그 사건이 널리 알려지는 것을 원치 않았고, 마을 사람들을 대신해서 우리에게 사과했다. 마을의 노인들도 찾아와 낮에 있었던 일에 대해서 유감을 표하면서 고소를 하지 말아달라고 부탁했다. 우리는 고소

할 생각을 하지 않았지만, 그렇다면 우리 카메라맨이 눈이 시커멓게 멍이 들고 부어오른 것은 어떻게 할 것이며, 안경이 깨져서 이제 앞을 잘 보지 못하게 된 것은 또 어떻게 할 것인가? 마을 노인들의 호소가 관리들의 호소보다는 설득력이 있어서 우리는 모든 것을 용서할 수 있다고 말했다. 바로 그때 전화벨이 울리기 시작했다. 우리 카라반이 공격을 당했다는 소식을 들은 한 텔레비전 방송국 관계자가 그 일에 관해서 정보를 달라는 것이었다. 이제 그 소식은 이미 우리 손을 이미 떠나 있었다!

경비 초소에 있는 젊은 지휘관에게 우리는 고소할 의사가 없다고 이야기했지만, 그는 이미 윗선에서 이번 사건에 대한 소식을 알고 있기 때문에 자신에게 책임이 있다고 생각했다. 그는 또한 자신이 우리를 보호하고 있을 때 그런 사건이 발생한 것에 대해서 상당히 화가 나 있었다.

"나의 동부 배속 근무는 이번 달이면 끝나기로 되어 있소. 그런데 이번 일로 또 1년 연장될 거요."

그는 방을 서성이며 그렇게 투덜거렸다. 우리는 그날 밤 한 숨도 자지 못했다. 한밤중에 지휘관은 그 젊은 녀석들을 심문하고, 군인들은 그들을 때리기 시작했다. 우리에게는 비명 소리만 들릴 뿐이었다. 우리는 사건이 그런 식으로 전개되는 것을 원치 않았기 때문에 침대에 누워서 잠도 이루지 못하고 끙끙 앓고만 있었다.

테르잔을 떠난 후 카이세리(Kayseri)와 위르귀프(Ürgüp) 지역에서 우리는 셀주크 투르크 시대의 카라반사라이들을 보았다. 오랜 옛날 그곳에 묵었을 카라반의 영혼들이 곧 손에 잡힐 것만 같았다. 호송하던 군대는 철수를 하고 우리는 카이세리 지역으로 들어갔다. 카파도키아(Cappadocia)를 통과할 때는 기온은 급상승해서 속도를 늦추었다. 카파도키아의 풍경들은 모퉁이를 돌아설 때마다 달라지는 듯 아름다웠고, 우리는 10km를 갈 때마다 야영을 했다. 자연의 아름다움과 장엄한 역사적 유적들이 기가 막히게 조화를 이루고 있는 그 광경들을 필름에 담기 위해 발걸음을 멈추지 않을 수 없었기 때문이다.

우리는 여행에 나선지 1년이 되어서 아바노스(Avanos)에 있는 '티크리트 펜션(Tikrit

Pension)'에서 축하 잔치를 열었다. 무더운 6월 4일 밤, 우리는 펜션의 주인이 무료로 내주는 포도주를 즐기며 함께 묵고 있는 프랑스와 독일 관광객들과 어울려 배꼽춤을 추며 기념 파티를 즐겼다. 어린 양을 진흙으로 싸서 구운 것을 망치로 깨뜨려서 꺼내먹는 맛이라니! 우리가 다시 돌아왔다는 사실, 우리의 여정이 거의 끝나가고 있다는 사실이 기쁘기만 했다. 파티가 끝나갈 무렵 스페인 사람 하나가 다가오더니 며칠 동안이나 우리를 찾았다고 하면서 그의 대장이 우리를 만나보고 싶어 한다고 말했다. 30여 분 후 우리 대원들이 만난 사람들은 여행을 하고 있는 스페인 원정대의 대장이었다.

그들은 낙타를 사용하지 않았다. 스페인 원정대는 몇 달 전에 커다란 화물 트럭 두 대를 가지고 스페인을 출발하여 실크로드를 따라서 동쪽으로 가고 있었다. 그들은 텔레비전 방송팀으로 전에 아이슬란드를 원정한 경력을 가지고 있었다. 우리는 이틀 후에 '우연한 만남'을 갖고 서로 촬영할 시간을 갖자고 약속했다. 그들의 대장이 우리를 공중에서 촬영하고 싶다는 말에 우리는 말문이 막혀버렸다.

"당신들이 화물 트럭을 가지고 여행한다고 들었는데, 항공 촬영이라뇨?"

"우리 장비 중에는 휴대용 비행기도 있습니다. 이틀 후에 보여드리죠."

약속한 대로 이틀 후, 아바노스로 들어가는 입구 도로에 색이 요란하게 칠해진 화물 트럭 두 대가 주차되어 있었다.

"아, 안녕하십니까? 어디서 오는 길입니까?"

"우리요? 중국에서 오는 길입니다. 지금 실크로드를 여행 중입니다."

"당신들은요? 우리도 실크로드를 여행 중입니다. 하지만 동쪽으로 가고 있지요."

우리가 농담을 주고받는 사이에 그들의 방송팀은 캔버스 천으로 만든 작은 비행기를 꺼내 조립하기 시작했다. 조립하는 데 30분가량이 걸렸다. 우리는 비행기가 주행을 하다가 이륙할 수 있도록 도로를 봉쇄해 주었다. 눈이 의심스러웠다. 낙타들도 우리 대원들도 모두 하늘을 나는 작은 비행기를 보며 신기해서 입을 다물지 못했다. 비행기는 잠시 후 큰 길에 착륙했다. 젊은 스페인 조종사는 우리가 입을 다물지 못하고 놀라는 것을 보고

재미있다는 듯 팩스턴에게 한번 타보지 않겠느냐고 말했다. 팩스턴은 기다렸다는 듯이 카메라 스위치를 켜고 비행기로 뛰어 올랐다.

우리는 그들이 공중에서 촬영을 할 수 있도록 길을 따라 걷기 시작했다. 양 팀은 함께 움직였다. 우리는 땅에서 걷고, 그들은 공중에서 우리를 내려다보고 있었다. 그들은 우리 위를 한 동안 빙빙 돌고 난 후, 기수를 낮춰서 착륙할 준비를 하고 있었다. 그때 갑자기 등골이 오싹했다. 고속도로 위에 고압선이 뻗어있지 않은가. 조종사와 팩스턴이 고압선을 발견했지만 이미 때 늦은 일. 그들은 비행기를 고압선 아래쪽으로 낮추려 했지만 비행기를 뒤로 되돌릴 수도 없는 일이었다. 극도의 공포 상태에서 그들은 속도를 내어 바위가 울퉁불퉁한 들판을 향해 기수를 돌렸다.

10분 후쯤 달려가 보니 조종사는 부상을 입고 충격을 받은 상태였다. 팩스턴은 몇 군데만 가벼운 상처가 났고, 비행기에서 무사히 빠져나와서 아직도 충격에서 헤어나지 못한 조종사를 진정시키려고 애쓰고 있었다. 이것이 그들이 스페인을 떠난 이후 첫 비행이었는데, 프로펠러는 부서져 한쪽에 널려 있고, 다른 쪽에는 비행기 엔진이 깨져서 흩어져 있었다. 그들은 구사일생으로 목숨을 건졌다. 충격을 진정하느라 몇 시간을 보내는 사이에 원정 대장은 스페인으로 무선 전화를 걸어 사고를 당했다는 것과 비행기가 손상을 입었다는 것을 알렸다. 우리는 팩스턴이 항상 어두운 그림자를 몸에 두르고 다닌다고 생각은 했지만 이렇게까지 불운을 겪을 줄은 알지 못했다. 우리는 그들의 대장이 보고를 했다는 말을 듣고 다소 안심이 되었다. 그들은 국제적인 보험회사에서 후원을 받고 있었고, 그 회사는 즉시 비행기를 또 한 대 보내주겠다고 약속한 것 같았다.

이야기를 들으니 팩스턴은 카메라에 눈을 대고 비명을 질렀다고 했다. 우리는 당연히 너무나 신기해하고 있었다. 그는 추락을 하면서도 카메라 스위치를 켜놓은 상태였고, 그래서 땅바닥에 부딪치는 순간에도 촬영이 되고 있었다. 팩스턴은 부딪치는 순간에 비명을 질렀다. 우리는 비행기가 땅에 충돌하는 장면을 보고 팩스턴에 지르는 비명 소리를 듣기 위해 여러 번 테이프를 돌렸다. 팩스턴의 마지막 한 마디는 이것이었다.

"이런 빌어먹을!"

우리 대원들이 나서서 비행기 파편들을 트럭에 실어주었다. 스페인 사람들이 부상당한 조종사를 아바노스에 있는 병원으로 데리고 갈 것인지 말 것인지를 상의하고 있는 동안, 조종사는 비행기 파편에 펜으로 '이런 빌어먹을(Oh Shit)'이라고 썼다. 그는 그 파편 조각을 팩스턴에게 이 잊지 못할 비행 기념으로 가지라고 선물로 주었다. 그들은 트럭 두 대에 몸을 실었고, 우리는 낙타 아홉 마리를 끌고 서로 정반대 방향으로 출발했다. 우리는 마음속으로 빌어주었다. 안녕히 가시라고, 좋은 여행 하시라고……

하즈베크타시(Hacı Bektaş)에 이르렀을 때 네잣의 목은 심하게 부어올라 있었다. 그는 더 이상 음식을 먹지도 물을 마시지도 못했다. 그는 중국, 키르기스스탄, 그리고 마지막으로 타브리즈에서 여러 차례 목의 통증에 시달렸다. 매번 병이 도질 때마다 편도선의 통증은 점점 더 심해졌기 때문에 이번에는 그 문제를 완전히 해결해야겠다고 작정하고 목 수술을 하기로 결정했다. 목의 통증이 이렇게 만성화 된 데에는 맨 처음에 치료를 했던 중국인 의사의 책임이 크다. 그 의사는 녹이 슨 집게를 가지고 네잣의 감염된 편도선을 한 조각 제거했던 것이다. 우리가 조르는 바람에 당시 그는 치료할 수 없는 중국 세균을 삼키게 되었다. 그러나 우리가 농담으로 한 이야기가 현실이 되어 그가 계속 목에 감염이 되었다는 것을 우리는 모르고 있었다.

팩스턴이 젬 아이니(Cem Ayini)라고 하는 베크타시 종파의 종교 의식을 촬영하기 위해서 하즈베크타시에서 머물고 있는 동안, 무랏과 아흐스칼르 아흐메트(Ahıskalı Ahmet), 그리고 카라반을 종종 찾아왔던 다른 방문객들을 포함한 카라반의 나머지 식구들은 앙카라를 향하여 이동했고, 나와 네잣, 가브리엘은 버스를 타고 앙카라로 갔다. 가능한 한 빨리 네잣을 병원에 입원시키려고 한 것이다. 네잣이 수술을 받을 때가 되자 카라반은 이미 앙카라에 상당히 가까이 이른 상태였다. 우리는 수술이 진행되는 동안 내내 네잣을 옆을 지켰고, 그가 의식을 회복하는 것을 보고 나는 카라반과 합류했다.

데미렐 대통령은 찬카야에서 우리를 만나기로 되어 있었다. 날짜가 정해지기는 했지만 전국이 정치적인 소용돌이 속에 있었고, 갖가지 문제들로 시달리고 있었다. 앙카라의 상황은 한 치 앞도 내다볼 수 없는 형편이었다.

중국에서 출발하여 먼 길을 여행해온 우리 카라반이 수도에 도착할 경우 어떤 상황을 맞게 될지 알 수 없었고 우리는 불안하기만 했다.

중국에서 찬까지, 찬 친 찬

대통령과 만나기로 한 바로 전날, 우리는 찬카야 근처에서 캠프를 마련해야 했다. 그래야 아침 일찍 찬카야에 있는 대통령궁에 도착할 수 있기 때문이었다. 찬카야 근처에 있는 군사 지역은 우리가 야영을 하기에 안성맞춤이었다. 그날 밤 낙타들은 군사용 울타리가 둘려진 곳에서 자유롭게 돌아다닐 수 있도록 풀어주고, 우리는 땅바닥에 침낭을 깔고 그 안에 들어가 하늘에 있는 별을 보면서 내일 있을 거대한 환영식을 준비했다. 한밤중에 초소 지위관이 우리를 깜짝 방문해 주었다. 정말 유쾌한 방문이었다. 지휘관은 몇몇 부하들을 데리고 왔고, 그뿐인가, 숯과 그릴, 그리고 커다란 트레이에 생선과 술을 잔뜩 싸가지고 왔던 것이다. 나는 속으로 생각했다. 이런 훈련을 하면 내일 환영식에서 좀 더 멋지게 보일거야……

아침이 다 되어서야 나는 깊이 잠이 들었다. 날이 밝아오고 우리는 잠자리를 털고 일어났다. 낙타들을 찬카야 마당으로 데리고 들어가는 일은 예상했던 것과는 달리 상당히 까다로운 일이었다. 대통령궁을 중심으로 한 행정부의 복합 단지로 들어가는 모든 차량은 금속탐지기로 검색을 받아야 했고, 당연히 우리 낙타들도 수색을 받아야 했기 때문이다. 우리가 줄을 지어 환영식장에 입장할 때까지는 언론사 기자들이나 손님들의 눈에 띄지 않도록 우리 카라반은 환영식이 열릴 곳에서 좀 떨어진 곳에 이동해 있었다. 의식이 시작되면 우리는 중국 국가주석과 우리가 들렀던 다른 나라들의 정상들이 준 서신들과 상징적인 선물들을 데미렐 대통령에게 전달하게 될 것이다.

의식을 기다리면서 우리는 맨 먼저 앙카라 군악대가 연주하는 아주 경쾌한 음악을 들었다. 이윽고 중국 국가, 키르기스스탄 국가, 우즈베키스탄, 투르크메니스탄, 이란 국가가 연주되었고, 마침내 터키 국가가 울려 퍼졌다. 이때 신호가 왔고, 우리는 편지와 선물들을 들고 천천히 환영식장으로 이동하기 시작했다. 중국을 출발해서 지나온 14개월은 바로 이 순간을 위한 것이 아니었던가. 우리는 흥분을 감출 수 없었다. 식장 가까이 이르자 앙카라 초등학교 어린이들이 수천 개의 풍선을 우리 위로 날려 보냈다. 나는 마이크를 달았다. 우리의 원정 이야기를 영어와 터키어로 동시에 들을 수 있도록 하기 위한 것이었다.

데미렐 대통령은 관중석 중앙에 앉아 있었고, 우리가 낙타들을 뒤에 세우고 줄을 지어 입장하자 대통령이 자리에서 일어나 우리에게 다가왔다. 나는 평생 동안 그렇게 많은 언론사 기자들이 몰려 있는 것은 처음 보았다. 수백 명의 사진기자들과 저널리스트들, 그리고 많은 외국인 기자들이 사람들과 섞여 있었고, 조금이라도 좋은 컷을 촬영하기 위해서 서로 밀고 당기며 자리다툼을 벌였다. 이렇게 몰려든 청중 가운데에는 앙카라에서 가장 중요한 인사들도 있었다. 정부의 고위관리들, 장군들, 군 사령관들, 그리고 무엇보다도 앙카라에 주재하고 있는 외국 대사관들도 배석해 있었다.

직접 이 행사를 주재한 대통령은 마치 고대 터키어로 하는 자신의 연설을 전 세계 모든 사람들이 들어주기를 원하는 것 같았다.

"여러분은 아드리아 해부터 중국 만리장성까지 터키어만 가지고도 여행을 하실 수 있습니다!"

그의 말이 사실이라는 것을 우리가 직접 몸으로 증명하지 않았는가! 데미렐 대통령은 자리에서 일어나 우리들 한 사람 한 사람과 포옹의 인사를 나누었다. 마치 아나톨리아 결혼식에서 그렇게 하듯이 우리는 그에게 서신과 선물을 전달하면서 그것을 준 사람들을 하나하나 소개했다.

"중국 장쩌민 국가주석이 보낸 낙타 조각상입니다."

"중국 장쩌민 국가주석이 보낸 또 한 가지 선물, 당나라 황제가 입던 용포입니다."

나는 그 용포를 포장한 비단을 열어서 기자들에게 공개했다. 내가 당나라라고 말하자 데미렐 대통령은 돌아보며 이렇게 말했다.

"12세기!"

데미렐 대통령은 대통령이 된 이후 중국을 방문한 일도 있었고, 역사에 아주 관심이 많다는 것을 우리는 잘 알고 있었다. 하지만 단언하건대 현재 터키 국회의원 가운데 당나라가 12세기에 중국을 통치했다는 사실을 아는 사람은 단 한 사람도 없을 것이다.

데미렐은 용포와 의관, 그리고 중앙아시아 터키계 공화국들이나 코카서스에서 선물로 보낸 다른 의상들을 직접 걸쳐보면서 기자들을 위해서 포즈를 취해 주었다. 그제야 나는 선물을 전달하는 의식에서 중대한 실수를 저질렀다는 것을 알게 되었다. 옛 중국 황제들은 데미렐 대통령보다 체구가 현저히 작았던 것이다. 작은 비단옷을 데미렐 대통령이 직접 입는다면 어떻게 될까? 대통령은 내 손에 들려 있던 화려하고 작은 비단옷을 보더니 그 용포가 자신의 커다란 몸집에 적어도 세 치수는 작을 것임을 눈치 챈 것 같았다. 대통령은 그 옷을 직접 입어보지 않고 옆에 있던 수행원에게 건넸다. 다음으로 그는 도자기로 만든 낙타 상을 찬찬히 살펴보았다. 그것은 시안 박물관에서 전시되고 있는 당나라 시대의 진품을 본 떠 만든 복제품이었다. 나는 옛 카라반들의 전통을 따라서 그에게 실크로드에 있는 여러 나라들이 보내온 답신들을 그에게 전달했다. 전달식이 끝나고 나는 이 프로젝트의 중요성과 의미에 대해서 짤막한 연설을 했다. 우리의 스폰서 제이넵 보두르 옥야이가 우리가 그 프로젝트를 어떻게 시작했으며, 어떻게 구체적으로 실현되었는지 경과를 보고했다. 데미렐 대통령은 우리가 이야기를 할 동안 계속 메모를 하더니 이윽고 자리에서 일어나 연단에 섰다. 그의 연설에서는 그의 풍부한 지식과 예리한 위트가 넘쳤고, 그는 이 원정을 역사 전체와 연결시켰다.

그는 이렇게 물었다.

"우리가 왜 진즉 이런 원정을 하지 못했을까요?"

이어서 그는 이렇게 자답했다.

"얼마 전만 하더라도 새들은 하늘을 날 수 없었습니다. 카라반들이 그 역사적인 길을 통과할 수 없었기 때문에 못한 것입니다."

그는 중앙아시아 터키계 공화국들이 70여 년 동안 세계와 단절되어 있었다는 것을 이야기하고 있었다.

"보십시오. 이제 새들은 자유롭게 날고 있고, 카라반들은 다시 그 길을 지나가고 있습니다! 이전에 우리는 무어라고 말했습니까? 터키어는 아드리아 해부터 중국의 만리장성까지 사용되고 있습니다! 우리가 그것을 증명했습니다."

데미렐 대통령은 현 정부의 난국에 관해서 이야기를 계속 이어나갔다.

"민주주의란 낙타 카라반과도 같습니다. 인내를 요구하며, 천천히 조심스러운 걸음으로 앞으로 나아가야만 합니다."

우리는 데미렐 대통령의 심오한 상황 인식과 예리한 통찰력에 다시 한번 감동했다. 몇 시간 후면 뉴스에서 데미렐 대통령이 메숫 이을마즈(Mesut Yılmaz)에게 수상직을 제안하여 정부를 꾸리자고 요청했다는 소식을 듣게 될 것이다. 그러나 그 소식도 우리의 원정에 관한 뉴스 이후에 나올 것이다! 우리가 찬카야에 입성한 것은 역사적인 날과 우연히 일치했다. 우리의 스폰서와 대원들, 낙타들 모두 기쁘기만 했다. 하지만 그 환영식을 마땅치 않게 생각하는 사람은 단 한 사람, 찬카야의 정원사는 몹시 화가 났을 것이다. 환영식에서 데미렐 대통령이 장시간 연설을 하는 동안 그가 여러 해에 걸쳐 공들여 가꾸어놓은 장미 나무들을 중국 낙타들이 먹어치웠던 것이다. 환영식이 끝나고 손님들이 가고 나서 우리는 그의 불평을 귀가 따갑도록 들어야 했다.

우리는 이제 거의 길의 끝 지점에 와 있다. 한 달 후면 우리는 스폰서인 칼레 홀딩의 본부가 있는 차나칼레의 찬 지역에 도착할 것이다. 하루에 25km씩 걸으면 한 달이면 찬에 어렵지 않게 도착할 수 있을 것이고, 차나칼레 도자기와 칼레 보두르 공장들의 40주년 기념식에 참석할 수 있을 것이다. 우리는 수도를 떠나서 베이파자르(Beypazarı)를 향해 가는 도중 교통 혼잡 때문에 이틀을 묶여 있어야 했다. 다음 정박지는 부르사(Bursa). 그곳은 실크로드 시대의 주요 비단 생산지들 가운데 한 곳이며, 아직도 주요 실크 생산지로 손꼽히고 있다.

그곳에서는 놀라운 일이 우리를 기다리고 있었다. '국제 부르사 문화 페스티벌(The International Bursa Culture Festival)' 부르사 주지사와 시장의 초청을 받은 인근에 위치한 몇몇 나라들의 민속 공연단이 참여하고 있었다. 화려한 전통 의상으로 치장한 그들은 우리와 함께 어울려서 화려하게 장식된 우리 낙타들과 함께 그 도시의 중심가에서 거대한 퍼레이드를 가졌다. 낙타들은 부르사 군중들이 박수를 치고 환호하는 모습을 놀라운 듯 바라보았다. 키르기스스탄, 우즈베키스탄, 투르크메니스탄, 아제르바이잔 무용들을 비롯하여 국제적인 무용수들 가운데는 우리가 잘 알고 있는 얼굴들도 섞여 있었다.

부르사에서 우리는 아직도 현대식 베틀로 교체하지 않고, 전통적인 비단 베틀을 사용하고 있는 모습을 촬영할 수 있었다. 부르사에서 사용되고 있는 베틀이 타클라마칸 사막 남단에 있는 호탄에서 사용되고 있는 베틀과 정확하게 일치한다는 사실이 무척 놀랍기만 했다. 다음날 우리는 실크 연구소(Silk Research Institute)를 찾아가서 어린 누에를 연구하는 현대식 실험실을 둘러보았다. 이렇게 작은 벌레들이 지난 2천 년 동안 인류 역사에 그렇게 큰 영향을 끼칠 수 있었다니! 참으로 신기하기만 했다.

차나칼레 주 안으로 발을 들여놓자 수많은 사람들이 우리를 만나려고 기다리고 있었다. 이브라힘 보두르가 헬리콥터를 타고 우리를 만나러 왔고, 이제 우리 카라반을 '자신들의 카라반(their caravan)'이라고 중요하게 생각해주는 차나칼레 사람들과 함께 있게 되었다. 나는 카라반을 이끌고 찬으로 갔다. 40주년 기념 축제에서 열릴 사진전을 준비해야 했던 것이다. 우리는 거기서 카라반의 여정에서 촬영한 사진 100장을 전시할 예정이었다. 그 전시회는 개막식에 데미렐 대통령까지도 참석하는 중요한 행사가 될 것이다.

우리는 7월 26일 몇 시간 동안 전시회 개막식을 준비했다. 노천에 세워놓은 거대한 천막 안에 사진 패널들을 걸었다. 사진들을 다 걸고 나서 천막의 한 가운데 일종의 캠프 마당 같은 것을 만들었다. 사막에서 그랬던 것처럼 돌 세 덩이를 가져다가 그 위에 녹슨 찻주전자를 올려놓고, 태양 전지판을 세우고, 무선 전화, 천산 산맥에서 우리가 얼어 죽지 않도록 추위를 막아준 양가죽 코트, 천막, 그리고 침낭까지 진열하였다. 우리는 준비를 마치고 원정 마지막 날이 되기 전에 쉬기 위해서 게스트하우스로 갔다.

나는 여행 기간 내내 우리보다 앞서 걸었던 선배 카라반들의 영혼들을 생각했다. 내

가 영혼을 믿고 샤머니즘 신앙을 수행하는 샤먼이라도 된 것처럼 그들에게 자연 재해로부터 우리를 지켜 달라고, 사막의 악령들로부터 보호해 달라고, 눈에 보이지 않는 적들을 막아달라고 기도를 올렸다. 나는 옛 시절 이런 용감한 카라반의 영혼들이 우리가 사막을 통과할 때 우리와 동행하였고, 우리를 보호해서 집으로 돌아오도록 도와주었다고 굳게 믿고 있다.

그러나…… 내가 어느 대목에선가 실수를 저지른 것이 분명했다. 그들이 마지막 날 밤에 일어난 일로부터는 우리를 보호해 주지 못한 것이 분명했기 때문이다. 그 영혼들은 아마도 자신들의 일이 끝났으려니 하고 우리를 떠나서 사막에 있는 카라반사라이, 그리고 오랫동안 잊혀져버렸던 도시의 폐허들로 돌아 가버렸던 것 같다. 8월 27일 대대적인 기념식이 있기 전날 밤, 차나칼레에는 무서운 폭풍이 불어 닥쳤다. 그 폭풍은 차나칼레의 시민들조차도 전혀 경험해보지 못했던 엄청난 규모였다. 폭우와 강풍이 도시를 강타하여 전시장 천막을 지지하고 있던 철 구조물이 무너져 버렸다. 사진을 보호하고 있던 유리들이 깨지고 우리의 여행 사진들이 죄다 물에 젖어버렸다.

새벽 3시가 되어서야 폭풍이 가라앉았고, 우리는 곧장 천막으로 달려갔다. 우리는 천막이 무너지고 사진들이 엉망이 된 것을 보고 한동안 망연자실 말을 잃고 우두커니 바라만 보고 있었다. 방법은 단 한 가지였다. 다시 작업을 하는 수밖에! 누더기가 된 천막을 해체하고, 사진들을 주워 모으고, 액자에서 유리들을 제거했다. 이른 아침 천만다행으로 날이 맑아져서 우리 팀은 각고의 노력 끝에 모든 것을 복구하여 정상화시킬 수 있었다. 그 영혼들이 먼 곳으로부터 우리가 낭패를 당한 것을 감지했고, 여정 내내 단 한 번도 우리를 떠나지 않았던 그 친구들이 다시 한번 우리를 기쁘게 해주려고, 아름답고 맑은 사막의 태양을 보내준 것이라고 생각한다. 밤의 폭풍우가 지나가고 이제 따뜻한 태양과 맑은 하늘 아래서 차나칼레 도자기 공장 40주년 기념식을 시작할 수 있게 되었다.

두 달 후, 우리는 이스탄불 토프카프(Topkapı) 궁전에 있었다.

우리 낙타들은 완전히 지쳐 있었기 때문에 궁전 벽 가까운 한 장소에 매어두었다. 그들이 추운 가을 날씨에 말라서 떨어지는 무화과나무 잎들을 우적우적 씹고 있는 동안 우리는 안쪽 마당에서 수백 명의 귀빈들과 함께 이스탄불 주지사 쿠틀루 악타시(Kutlu Aktaş)가 주최하는 리셉션에 참석하고 있었다. 궁전의 벽에는 우리가 여정 동안에 찍은 사진들이 걸려 있었다.

몇 해 전 농담 한 마디로 시작된 모험이 결국 막을 내렸다.

누군가가 다시 농담을 한 마디 던졌고, 다른 사람들은 모두 웃었지만 네잣과 무랏과 팩스턴과 나는 도저히 웃을 수 없었다.

"여러분, 해산하지 마십시오. 여러분은 이 낙타들을 몽골로 되돌려 주어야 할 겁니다!"

감사의 글

2년 동안 이 원정을 기획하고 준비하는 동안, 그리고 실제로 원정을 수행한 1년 반 동안 헤아릴 수 없이 많은 사람들이 우리를 도와주었다. 이런 사람들의 도움과 후원이 없었더라면 우리는 이 모험에 성공하지 못했을 것이다.

우리는 먼저 뜨거운 마음으로 감사의 뜻을 전하고자 한다.

무엇보다도 먼저 우리는 터키공화국 대통령 쉴레이만 데미렐 대통령에게 감사를 드린다. 그는 실크로드 원정 프로젝트를 처음 듣는 순간부터 진심으로 지지를 보내주었고, 원정이 계속되는 동안 내내 성원해주었다. 특히 우리가 거치게 될 여러 나라의 정상들에게 보내는 친필 서한을 써준 것이 아주 실질적인 도움이 되었다. 또한 그는 우리가 돌아왔을 때 찬카야에서 성대한 환영식을 열어 우리를 맞이해주었다.

칼레 그룹의 창시자이자 회장인 이브라힘 보두르 박사에게 감사를 드린다. 우리의 주 스폰서로 책임을 떠맡아서 넉넉한 재정적 지원을 아끼지 않았고, 프로젝트 전체 과정에서 우리의 사기를 높여주었다.

칼레 그룹의 부회장인 제이넵 보두르 옥야이와 그 부군인 오스만 옥야이에게 감사를 드린다. 그들은 이 프로젝트의 처음부터 원정이 진행되는 동안 내내 지원을 아끼지 않았고, 여행이 지속되는 동안 꾸준히 개인적으로 우리를 돌보아주어서 우리가 혼자가 아니라는 것을 일깨워 외롭지 않도록 해주었다.

주 스폰서로 이 원정을 지원해준 차나칼레 도자기사와 칼레보두르 도자기사에 감사를 드린다.

우리의 막역한 친구이자 같은 대원인 차으르 귀르뷔즈에게 감사한다. 그는 우리의 손과 발이자, 특사로 활동했고, 원정대의 또 한 명의 대원으로 활동했으며, 우리에게 필요한 모든 것들을 중앙아시아까지 가져다주었고, 이 프로젝트로 인해서 학교(보스포루스 대학교)까지 그만두어야 했다.

우리에게 아주 다정했던 아시예 보두르와 오야 베릭에게 감사한다. 그들은 우리에게 필요한 모든 것을 지원해주기 위해서 칼레세라믹 빌딩에서 활동하면서, 우리의 모든 기술적인 문제들을 처리해주었으며, 국제수송문제를 해결해주었다. 또한 언론사들과 지역 행정당국자들과의 연락책 역할을 담당해주었고, 우리의 여정이 지속되는 동안 우리에 못지않게 지칠 줄 모르고 활동해주었다.

칼레보두르의 부회장인 쉴레이만 보두르, 칼레그룹 대표이사 쉴레이만 자네르, 칼레 마케팅 이사 타륵 외즈첼릭, 차나칼레 세라믹의 재무 조정관 이을마즈 제일란, 차장대리 튀알 쉔쇠즈, 인사관리 담당 오스만 뒤뤼스트, 그리고 칼레 그룹 회사들의 모든 직원들과 사원들에게 감사를 드린다. 이들은 우리의 프로젝트를 인내를 가지고 도와주었고, 우리에게 필요한 모든 것들을 공급해주었다.

터키 항공에 감사드린다. 그들은 우리 스폰서들의 이름으로 우리 대원들은 물론 언론사 기자들을 위해서 모든 티켓을 제공해주었다.

노르드스턴 임타스 보험회사는 12,000km라는 장거리 카라반 여행을 보험으로 맡아준 최초의 보험회사일 것이다. 감사드린다.

독일 라이카 카메라사와 라이카 터키 대리점은 원정 내내 카메라와 렌즈를 지원해주었고, 만프로토 삼각대를 수입하는 줌 임포트사는 삼각대를 지원해주었다.

스웨덴 카라반사는 북극의 환경에서 견딜 수 있는 침낭과 천막을 디자인하여 제공해준 덕택에 여행 기간 동안 수없이 겪었던 동사의 위기에서 우리를 구해주었다.

IBM사는 우리 대원들에게 컴퓨터를 지원해주었고, 메트로폴 주식회사는 우리 팀에 디지털 비디오카메라를 제공해주었고, 원정을 담은 CD를 만드는 일을 맡아주었다.

락스사는 우리에게 디지털 녹음 시스템을 제공해주어서 여정 기간 동안에 만난 알려지지 않은 문화들의 흥미로운 음악을 녹음할 수 있었으며, 특히 터키어를 사용하는 불교 유구르족의 음악을 테이프에 담을 수 있었다.

아셀산 이스탄불 지사는 우리에게 무선 전화를 제공해주었다. 리노스포츠사와 오랄 월퀴멘은 특히 고비 사막과 타클라마칸 사막에서 필요한 여름용 텐트를 제공해주었다.

실크 앤 캐시미어사는 우리가 통과하는 각 나라의 정상에게 선물할 특수 제작된 실크 카프탄 드레스를 제공해주었다. 옥메이다느 병원은 우리의 원정에 필요한 의료장비와 약품을 지원해주었다.

우리가 필요한 허가를 받을 수 있도록 도와준 터키 주재 중화인민공화국 대사와 키르기스스탄 대사에게 감사드린다.

중국

우리가 중국을 여행하는 동안 도와주신 모든 분들에게 감사를 드린다.

특히 중국 주재 터키 대사와 북경 주재 직원은 중국에서 발생한 모든 문제들을 해결하는 데 도움을 주었고, 기자회견을 열고 개인적으로 서안까지 출영해준 것에 감사한다.

실크 앤드 캐시미어사의 임직원 하크 차을라르는 우리가 중국에서 있던 8개월 동안 우리의 손과 발이 되어 도와주었고, 내몽골에서 낙타들을 구입할 수 있도록 힘써주었다.

우리의 낙타몰이꾼이자 친구인 리에게 특별히 감사를 표하고 싶다. 그는 우리 카라반의 성공에 없어서는 안 될 중요한 역할을 담당해주었으며, 중국에서 8달 동안 여정을 같이 했고, 낙타 다루는 법을 가르쳐주었다. 우리의 소중한 친구 팡용은 중국 여정의 가이드로 우리의 귀와 입이 되어 주었고, 중국에서 겪은 수많은 문제들을 우리의 편에서 해결해주었다. 중국 여행사의 시시는 우리 원정의 중국 구간을 준비해주었고, 우리 카라반을 종종 방문해주었다. 중국인 친구 궈라이옌(프리스킬라)은 둔황에서 우리를 만나 투루판까지 우리와 함께 걸었고, 우리의 친구 장웨이와 자오쉬안은 베이징에서부터 시안까지 우리와 동행했다.

또한 중국 인민일보와 독일 ARD 방송을 비롯한 수많은 언론기관들과 현지를 찾아와 우리의 여정을 취재해준 많은 기자들과 사진기자들에게 감사를 표하고 싶다.

키르기스스탄

비슈케크에 있는 터키 대사, 그리고 친절하게 협력해준 대사관 임직원 일동에게 감사를 표한다. 아히스카 터키 연맹이 우리 프로젝트에 관심을 가지고 도와준 것에 감사한다.

그리고 중국-키르기스스탄 국경까지 헬기를 타고 찾아와 취재를 해주신 언론인 여러분에게도 감사의 뜻을 전하고 싶다.

특히 우리가 키르기스스탄에서 천산 산맥을 넘을 때 동행하며 도와준 우리의 키르기스스탄 친구 누르잔 잘라로프에게 마음속 깊은 감사를 표한다. 또한 스웨덴 저널리스트 미키 디디예르와 보스니아 카메라워먼 아니스타 하지베코프가 키르기스스탄에서 우리와 함께 천산 산맥을 통과하는 어려운 여정을 함께 해 준 일은 잊을 수 없을 것이다. 또한 나린에서 우리를 영접해준 UNDP와 유네스코 임직원들에게 감사를 표한다. 나린의 행정관들과 터키계 키르기스스탄 고등학교 교사들, 그리고 우리에게 잊을 수 없는 추억을 만들어준 학생들에게도 감사의 마음을 전한다.

우즈베키스탄

우즈베키스탄에서 도움을 주신 모든 분들께 감사를 표한다.

타슈켄트 터키 대사, 그리고 타슈켄트에서 우리를 맞아준 대사관 임직원 여러분께도 감사의 마음을 전한다. 그 밖에도 우즈베키스탄에서 곤란한 문제들을 잘 해결해주신 모든 분들과 타슈켄트에서 우리를 접대해주신 모든 분들께 감사의 마음을 전한다.

우즈베키스탄에서 우리와 합류하여 이스탄불에 도착하기까지 도와준 무선기사와 그의 친구에게 감사를 전하며, 사마르칸트에서 부하라까지 동행해준 분들께도 감사를 전한다.

투르크메니스탄

우리 카라반에 합류해준 가브리엘 울과 미국사진가 친구 토머스 심슨에게 감사한다.

이란

우리를 따뜻하게 맞아준 마슈하드에 있는 아스탄 쿠드스(이맘 레자) 재단의 임원들께 감사한다. 우리가 이란을 떠날 때 배웅해준 일본 아사히신문 기자 주니치 후루야마와 이란 사진가 친구들에게 감사한다.

우리는 또한 타브리즈 터키 영사관 직원에게도 감사하는 마음을 간직하고 있다.

이란—터키 국경

언론 관련 문제를 도와주신 전직 국무부 장관과 주지사, 경찰서장, 관광청장, 시장, 장군 등을 비롯한 관공서의 모든 분들께, 그리고 이란—터키 국경까지 출영해준 많은 언론인과 관계 인사들에게 감사를 표한다.

앙카라까지

　우리는 또한 터키에 들어온 이후에도 수많은 사람들의 도움을 받았다. 우리는 그 모든 분들께 감사의 마음을 전하고 싶다. 에르주룸 행정장관, 대리 행정장관, 에르진잔 행정장관 분들께도 감사의 마음을 전한다. 또한 카파도키아에서 우리 카라반과 합류해준 모든 친구들에게 감사를 전한다. 앙카라에서 환영식을 위해서 도와주신 모든 관계 인사들에게 감사의 마음을 전한다. 특히 칼레 그룹과 칼레 마케팅사, 그리고 앙카라 칼레 마케팅사 지사의 모든 분들께 감사의 마음을 전한다.

　앙카라부터 찬에 이르기까지 도와주신 관계 인사들과 직접 차나칼레까지 찾아와 격려해주신 모든 분들, 그리고 특히 우리 카라반을 마치 자신들의 것인 양 후원해주신 찬의 시민들에게 감사를 전한다. 또한 찬에서 있었던 마지막 환영식을 준비해주고 도와주신 모든 분들께 감사한다.

　토프카프 궁전의 마지막 환영식에서 도와주신 문화부 장관과 차관께 진심으로 감사를 표하고 싶다. 또한 차나칼레 도자기 공장과 칼레 광산회사를 비롯하여 환영식 준비에 도움을 주신 모든 분들께 감사를 전한다.

　이스탄불 행정장관을 비롯하여 환영식에 직접 참석하고, 성대한 행사를 조직하기 위해서 물심양면으로 지원을 아끼지 않은 모든 분들, 그리고 토프카프 궁의 모든 임직원께 감사한다. 또한 환영식이 끝나고 기념주화를 발행해주신 화폐공사 사장께도 감사한다.

　우리는 또한 부르사에서 카라반과 합류하여 이 책의 편집을 도와주신 저널리스트들과 사진기자들께 감사의 마음을 전하고 싶다.

실크로드 원정대원

아리프 아쉬츠, 네잣 나자르오을루, 무랏 외즈베이, 팩스턴 윈터스

발로 기록한 실크로드 현장 보고서

'사진은 발로 찍는다' 는 말이 있다.

아리프 아쉬츠는 바로 그런 사진가이다. 친구들과 술자리에서 주고받은 농담 한 마디가 발단이 되어 그는 장장 12,000㎞에 달하는 실크로드 옛 길을 두발로 "걸어서" 답사하기로 결심하였고, 기어이 그것을 이루어내고야 말았다. 무려 15개월에 걸친, 문자 그대로 천신만고의 여정이었다. 모국 터키에서 방송작가로도 활동 중인 아리프는 사진으로만 기록한 것이 아닌, 그가 걸어서 만나고 체험했던 모든 것들을 유려한 필치의 글로 남겼다.

그가 글과 사진으로 만들어낸 대장정의 기록은 우리 동양사뿐만 아니라 인류사 전체에 헤아리기 어려운 영향을 끼친 실크로드의 역사에 대한 생생한 증언이자, 다른 수단으로는 이루어낼 수 없는 살아있는 놀라운 기록이다. 낙타 열 마리를 끌고 어시스턴트 두 사람, 카메라맨 한 사람과 함께 중국 시안을 출발한 그는 천산 산맥을 거쳐 이미 과거 속으로 사라져버린 수많은 소수민족들을 만나고, 그들의 문화와 언어의 자취는 물론 현재의 생활모습까지 일일이 만지고 더듬으며 중앙아시아를 거쳐 터키 이스탄불에 이르기까지 말 그대로 발로 사진을 찍고 발로 기록을 남겼다.

실크로드는 단순한 무역로도 아니고, 관광거리는 더더욱 아니다. 실크로드는 1천 년이 넘는 유구한 세월 동안 중국의 비단과 도자기를 서방으로 실어 나르고, 또 서방의 물자들이 동방으로 공급되던 상로였을 뿐만 아니라, 중국의 문화가 서쪽 나라들에 전파되고, 서쪽 나라들에서 발원한 이슬람교, 불교를 비롯하여 수많은 종교와 종파, 철학과 문명이 동서를 오가던 고대 문명 교류의 대동맥이었다. 그런 장구한 역사의 흐름 속에서 실크로드가 인류사에 끼친 영향을 실로 짐작하기 어려울 정도로 엄청난 것이었고, 그 때의 그 흔적들은 아직도 실크로드 주변 구석구석에서 때로는 옛 모습 그대로, 때로는 세월의 변화를 겪으며 변형된 모습으로 오늘에도 살아 숨 쉬고 있다.

이 책을 손에 넣던 그 순간부터 나는 잠시도 책장을 덮어놓을 수가 없었다. 우리가 그간 배워온 역사와 인류의 문명이라는 것이 얼마나 편협한 것이었는가를 새삼 느끼게 되었다. 우리는 대개 역사의 주 무대를 동양의 중국이나 서양의 유럽 정도로 배우고 알고 있을 뿐이다. 그러나 이 책을 읽어가면서 비로소 나는 우리가 알고 있던 동양과 서양이라는 문명권의 틈새에 얼마나 엄청난 문화유산이 아직도 살아있는가를 생생하게 체험하고 인식할 수 있게 되었다. 천산 산맥 골짜기 모퉁이마다, 그리고 중앙아시아로 이어지는 길목 길목마다, 그렇게 다양한 민족들과 다양한 문화들이 의연히 존재할 줄이야! 나는 이 책을 읽으면서 내내 세계사를 새로 배우고 있다는 느낌을 지울 수가 없었다.

아직도 오랜 조상으로부터 물려받은 언어와 관습과 생활방식을 그대로 이어서 살아가고 있는 사람들, 우리는 그런 사람들을 보면 미개하다거나 원시적이라고 치부하기 십상이다. 그러나 그들이 가지고 있는 원형적 생활방식, 그리고 거기서 묻어나오는 인간 본연의 아름다운 모습들은 무엇보다도 감동적이었다. 가도 가도 끝이 없는 대 사막과 거기에 묻혀버린 빛나는 과거의 유산들, 아직도 수천 년의 역사를 현실로 살아가는 사람들, 중국 서부에 흩어져 살아가고 있는 수많은 소수민족들의 전설, 투루판, 카슈가르, 키르기스스탄, 우즈베키스탄, 투르크메니스탄 등 우리가 잘 알지 못하거나 알아도 겨우 이름 정도나 들어보았던 곳들의 생생한 현장 기록들, 그리고 황홀하리만치 아름다운 둔황의 불교 유산, 시간을 잊고 아득한 과거 속으로 빨려들게 만드는 사마르칸트와 카파도키아의 전설들, 그런 고대 문명들이 빚어낸 인류사의 보석처럼 아름다운 유산들, 이 모든 것들을 우리는 이 책을 통해서 만날 수 있다.

사진가이자 작가인 아리프 아쉬츠와 그의 카라반들의 피땀 어린 노력으로 우리의 손에 들어오게 된 이 한 권은 책은 특히 서방 세계 일변도의 역사 교육을 받아온 우리들에게는 인류와 역사, 문화와 인간의 삶 자체에 대하여 근원적으로 우리의 인식을 바꿔놓을 역작이라고 감히 말하고 싶다.

2008년 여름

옮긴이 김문호

I dedicate this journey to the land that bears all of our
collective memories, to alll eternal, free, and ever-roaming spirits⋯

I dedicate this journey to the land that bears all of our
collective memories, to alll eternal, free, and ever-roaming spirits⋯